科学原来如此

生生不息的植物

主编　严玲璋

上海科学技术文献出版社

图书在版编目（CIP）数据

生生不息的植物 / 严玲章主编．—上海：上海科学技术文献出版社，2011.1
ISBN 978-7-5439-4684-2

Ⅰ．①生… Ⅱ．①严… Ⅲ．①植物—普及读物 Ⅳ．①Q94-49

中国版本图书馆 CIP 数据核字（2010）第 263504 号

本书出版得到上海科普创作出版专项资金的资助

责任编辑：张　树
封面设计：周　婧

科学原来如此丛书
生生不息的植物
主　编　严玲章
出版发行：上海科学技术文献出版社
地　　址：上海市长乐路 746 号
邮政编码：200040
经　　销：全国新华书店
制　　版：南京理工排版校对有限公司
印　　刷：常熟市华顺印刷有限公司
开　　本：787×1092　1/16
印　　张：15
字　　数：280 000
版　　次：2014 年 4 月第 2 次印刷
书　　号：ISBN 978-7-5439-4684-2
定　　价：30.00 元
http://www.sstlp.com

前　言

《原来如此——生生不息的植物》,是一本以植物为主题的科普读物,它是由来自园林、农业、林业及植物分类等多个专业的老专家、老教授,也有生产、科研、教学第一线的中青年科技工作者,共同编写而成,所撰写的内容既以科学理论为指导,也以实践经验为依据,并以深入浅出的文字表述了植物学方方面面的知识。他们的文章有以下几个特点:第一,具有科学性,这点贯穿本书始终,针对植物在自然界中产生的种种现象,运用植物生理学、育种学、栽培学的原理予以分析阐述;第二,信息新,如《树中狮虎兽——东方杉》是正在推广应用的科研成果,在《梅与蜡梅》及《三秋桂花冠群芳》等文章中介绍了近年我国在梅与桂花的园艺品种方面所获得的国际登录权;第三,趣味性,从题目到内容均以活泼生动的、易于接受的语言来介绍,如《植物的第六感》《世界上第一朵花在哪里》;第四,文化性,书中很多文章注意运用有关的小故事和历史典故赋予本书以文化底蕴和可读性。

我们希望这本读物能有益于广大青少年增长知识,对中小学教育工作者及对植物爱好者有所帮助,从而促进人们对自然的认识和理解,为人类与自然的和谐多做贡献。

严玲璋

目　录

猪笼草 …… 001
植物的情感世界 …… 004
驱蚊植物 …… 007
千年古莲子开花之谜 …… 009
花朵变色的奥秘 …… 011
竹与竹子开花 …… 013
果鲜花艳的桃 …… 015
火红石榴照眼明 …… 017
葡萄 …… 019
杏、杏林 …… 021
沙漠植物的生存绝招 …… 023
植物也“变性” …… 025
扫雷植物 …… 027
树木可以长多高 …… 029
给植物的基因安上“开关” …… 031
植物“混血儿”是如何诞生的 …… 033
植物的“亲子鉴定” …… 035
植物的“荷尔蒙” …… 037
生命禁区中的植物 …… 039
第三代浆果之星——果桑 …… 041
独木成林 …… 043
盐碱地中的植物 …… 045
古树名木的昨天、今天和明天 …… 048
新鲜植物为何维生素C含量高 …… 051
蓝色月季真的有吗 …… 053
保护植物中的熊猫——濒危植物的基因库 …… 055

沙漠勇士——胡杨 …… 057
荷花适应水中生活的生理奥秘 …… 059
植物的自然克隆 …… 061
天然植物王国 …… 063
人工种子 …… 065
碎色郁金香——病毒的美丽作品 …… 067
芳香之谜 …… 069
“斑蝶事件”与转基因植物 …… 071
植物与昆虫之间的共生 …… 074
外来生物如何成为霸主 …… 076
植物与昆虫的协同进化 …… 078
引起植物病害的五大罪魁祸首 …… 080
植物自身抵御昆虫入侵危害的法宝 …… 082
树中的狮虎兽——东方杉 …… 084
世界上第一朵花在哪里 …… 087
马兜铃的花为何像只大喇叭 …… 089
广玉兰与玉兰 …… 092
长寿树王 …… 094
箭毒木 …… 096
革命菜和马齿苋 …… 098
植物的化学武器 …… 101
植物的“第六感” …… 104
千年“铁力木” …… 107
“蒙汗药” …… 109
绿叶上的“红果” …… 111
呼吸根 …… 114
观光木 …… 116
绿色“妖魔” …… 118
美丽又可入药的百合 …… 120
杂交水稻是怎样诞生的 …… 121
冰里开花 …… 124
寻寻觅觅杜鹃王 …… 126

神秘的“笔” …… 128
鸽子树 …… 130
树中巨人 …… 132
巨人蕨 …… 134
林中的“炮弹” …… 136
黄花狸藻的“捕虫笼” …… 138
“绞杀树” …… 140
能源树 …… 142
花王之谜 …… 144
奇怪的伙伴 …… 147
神奇的“牛角” …… 149
蜇人的植物 …… 151
抗癌植物 …… 153
叶上奇观——叶斑 …… 154
紫荆与紫荆花 …… 156
一方水土养一方植物 …… 157
从裸岩到森林 …… 159
高寒山地植物 …… 161
植物的动物名字 …… 163
碱蓬和苦草 …… 165
地衣 …… 168
桂花 …… 170
为什么说植物是最重要的生物 …… 173
奇妙的植物遗传分离规律 …… 175
花草树木吃什么 …… 177
多面手芦荟 …… 180
国色天香的牡丹 …… 182
瓶栽植物 …… 183
绿色与心理健康 …… 185
梅花与蜡梅 …… 187
紫藤与凌霄 …… 192
奇怪的黄雨 …… 194

指示植物与探矿 …… 196
自然界中的神秘植物 …… 198
叶序与数列 …… 200
植物形态与数学 …… 203
未来最安全果品——有机果品 …… 205
什么是植物全息现象 …… 207
世界上有吃人的植物吗 …… 209
植物器官在无光下能转绿吗 …… 211
太空植物 …… 213
植物体内的动物现象 …… 215
植物的发光现象 …… 218
耐寒植物的花朵为何发热 …… 221
奇妙的菌类植物 …… 223
草花能作盆景吗 …… 226
不速之客——外来入侵生物 …… 228

猪笼草

在许多花卉展览会上,食虫植物猪笼草的奇特姿态都会使人感到十分有趣:一只只"小瓶"的上方有一个翘起来的盖子。它是如何吃虫的?吃的是什么呢?它为什么能捉住虫子?它用怎样的牙齿咬死虫子的?它有没有口腔、胃、肠等消化系统?为什么叫它猪笼草?它和猪有什么关系?它生长在什么地方?为什么我们没见过?

"猪笼"上方有一个盖子,幼嫩时盖子紧闭,成熟后盖子才向上翘起,里面盛有半瓶子水,是专门用来淹死掉进去的小虫的。水面上浮着许多蚂蚁等小虫,这些虫大部分是蚂蚁,有黄的、黑的、大的、小的等不同种类的蚂蚁,有苍蝇、甲虫、蝗虫幼虫,还有蟋蟀、黄蜂、蟑螂、金龟子、鼠妇、蜗牛等等,所有这些虫都有一个使它们丧命的共同特点:贪甜食。为什么喜爱甜食会送命呢?原来,猪笼草用富含糖分的蜜露设下了一个个圈套,吸引这些虫子一步步走上死亡之路。

据观察,猪笼草食虫有三部曲:盖子的下表面密密麻麻布满了红色的小点,每一个点都是由许多能分泌蜜汁的细胞集在一起组成一个个蜜腺,在阳光下,猪笼草把叶片中合成的糖分,通过叶中部的细丝送到瓶子上,最集中的就是送到盖子的下表面,使得这里排满一颗颗晶莹剔透的蜜露。当蜜露多的时候就相互连起来,成为一层厚厚的黏稠糖水,成百上千的蚂蚁等小虫到这里可以大吃一顿,当它们把这层糖液吃光以后,便开始四下里继续寻找糖源,这就必然踏上死亡之路的第二个机关——爬到了瓶体的口部,这部分是平展的,上面还有一条条高起的棱,蚂蚁在上面边走边用触角四下里寻找蜜露,但是,脚底下只有薄薄的一层糖液,蚂蚁的口器是咀嚼式的,这种口器最适合于咬住对方打架、撕碎食物,因此,尽管遍地都是糖水,蚂蚁却没有舌头,无法舔食,当蚂蚁转身 90 度把触角伸向瓶口内时,突然触到了特别巨大的蜜露,只要吃上一滴就可以撑饱肚子了。但这 90 度的转身是致命的。

红色的瓶口有许多条放射状分布的隆起,用扫描电镜进一步放大就会发现,每一条隆起上还有更细的几十条凹槽,每条凹槽上,方向一致地排列着许许多多浅底的口袋形的结构。千万别小看这些浅底口袋形的结构,它们是蚂蚁等丧命的最关键部分,为什么呢?当蚂蚁顺着瓶口作圆周爬行时,它腿部末端的两个尖爪能够牢牢地抓住这些袋底,这时它会觉得

猪笼草

这个地方不打滑,没有掉下去的危险,但这时它也无法吃到糖液,当它转身90度,它的触角就能触到下方巨大的蜜露,与此同时它的爪子已经转到了和浅底口袋相同方向的位置,也就是说爪子已经不能抓住“袋底”了,这一瞬间的危险性蚂蚁全然不知,它正为前方的蜜露而激动,急着探头去吸食,它以为强劲的后腿可以抓住地面的袋底,不至于掉下去,当它探出身子重心移向瓶内时,突然感觉怎么后腿打滑抓不住了?实际上它的后腿已经在它转身90度时就处于这个位置了,当它还未明白是怎么回事时,便“扑”的一声掉到早已等候着它的液体中了。猪笼草就是这样用小虫喜爱吃的蜜露吸引它们一步一步踏上死亡之路,投入它早已准备好的水池中。猪笼草是植物,它生长在那里一动不动,却可以捉住跑得很快的蚂蚁和会飞会跳的许多小虫。

当提到“食虫植物”时,大家很自然地会想到动物的进食过程,首先是吞入口腔,然后用牙齿压断、磨碎,再把磨碎的食物咽下,最后到胃、肠进行一系列的消化吸收。猪笼草没有消化系统,它对小虫的消化吸收全部在这个有盖的“瓶子”中进行。它不用牙齿咬碎食物,瓶体内壁上有许多腺体,它们能分泌蛋白酶,这些酶把虫体内的蛋白质水解,分解成液体状态的含氮化合物,然后直接吸收转为自身的营养,弥补了它生活在贫瘠的土壤中氮素营养的不足;而虫体的躯壳是由几丁质组成的,猪笼草无法分解几丁质,因此我们在瓶子中看到的虫体基本上都完整无缺,实际上其中大部分已经被抽去了蛋白质,只是一个个空壳而已。

猪笼草的内壁非常滑溜,里面还有半瓶子水,掉到水中的小虫是无法再爬出来的,那么,它的盖子又有什么用呢?其实这是用来防雨的,大家知道热带的暴雨是很猛烈的,这个盖子相当于一把伞,既可以挡雨,又允许小虫爬进来送死。如果没有这把伞,当暴雨灌满瓶子的时候,掉下去的所有虫子不是都可以从容地逃出来了吗?这把伞是很起作用的。不单如此,盖子的内壁(下方)布满了蜜腺,这是引诱昆虫来送死的第一个机关。猪笼草的结构已完全可以抓住虫子，它需要盖子作为引诱昆虫的第一步，也需要盖子为它遮挡猛烈的热带暴雨。

猪笼草捕虫囊解剖

猪笼草生长在热带潮湿地区，在海南岛沼泽地的水边或草丛中，在其他岛屿的山坡上，甚至可以“爬”树到达 4 米高的地方，也可以长在陡峭而有水向下流动的山坡上。那么猪笼草靠什么爬树呢？这就要了解猪笼草的结构了。猪笼草的每一片叶分为三部分，从茎上生出来的第一部分称为叶片，猪笼草用以引诱昆虫的糖水就是由这一部分在阳光下进行光合作用制造出来的；叶的中部变态为一段铁丝般的细丝，遇到阻碍物就会缠绕上去，绕了一圈以后它的茎就可以继续向上攀爬了。猪笼草就是以这样的方式不断往上爬的。

为什么叫猪笼草？猪笼草和华南地区农民用来装小猪出去卖的猪笼外形有点相似。猪笼是一个狭长的笼子，它的一端有一个圆盖，猪笼草的名字或许就是这样来的吧。

（马炜梁）

食虫植物瓶子草

据统计，全世界大约有 500 多种食虫植物，瓶子草就是其中的一种。瓶子草的样子很像一个瓶子，而“瓶子”里装着很多黏黏的消化液。每当瓶子草想捕食时，它就会将“瓶口”打开，同时从瓶子里散发出一种特别的香味。当昆虫循着这种香味飞到“瓶子”里，往往会因为碰到滑溜溜的瓶壁而掉到瓶底。由于瓶底的消化液黏性十足，没有昆虫能从里面逃脱出来。在消化液的帮助下，瓶子草在短短几天内就可以把猎物消化掉。不过，食虫的植物对人类是无害的。

植物的情感世界

人与动物、植物和微生物共同构成了这个生机勃勃的世界。感情最丰富的是人类，许多动物也有感情，动物与人、动物和动物之间也能产生真挚的感情。那么有生命的植物是否也有感情呢？这的确是一个十分有趣的问题。在过去，从来没有人考虑过这个问题，直到 20 多年前一个偶然的机会，才使科学家们对植物的感情问题，产生了浓厚的兴趣。

1966 年 2 月的一天，美国中央情报局的一位叫巴克斯特的专家，在给庭院花草浇水时，他竟异想天开地把测谎仪器的电极，绑到一株天南星植物的叶子上，想测试一下水从根部到叶子上升的速度究竟有多快。结果他惊奇地发现，当水从根部徐徐上升时，测谎仪显示出的曲线图形，居然与人在激动时测到的曲线图形很相似。难道植物也有情绪？如果有，它又是怎样表达自己的情感呢？巴克斯特决心通过进一步研究来寻找答案。巴克斯特改装了一台记录测量仪，并将它与植物相连。接着，他想用火去烧叶子，就在他刚刚划过火柴的瞬间，记录仪上出现了明显的变化。手持火柴的巴克斯特还没有靠近植物，记录仪上的指针激烈摆动，甚至超出了记录的边缘。毫无疑问，这表明植物已出现了恐惧心理。后来他又重复划着火柴，但都没有真正去烧伤植物，结果十分有趣，植物仿佛感觉到，这仅仅是威胁，对自己不会有伤害，用同样的方法再也不能使植物感到恐惧了，记录仪上反映出的曲线也变得越来越平稳。后来，巴克斯特又做了另一个实验，将几只活海虾丢入沸腾的开水中，这时，植物马上陷入极度的刺激之中，实验多次，每次都得到同样的反应。

该发现引起了植物学界的巨大震动，但很多人认为这是不可思议的事情。有位坚定的反对者叫麦克，他根本不相信植物会有感情。他为了寻找反驳和批评的可靠证据，也做了很多实验，可有趣的是，他在得到实验结果后，态度一下子来了个大转变，由怀疑变成了支持。这是因为他在实验中发现，当植物被撕下一片叶子后，会产生明显反应，而且植物会对他干“坏事”或“好事”表现出不同的反应。于是麦克大胆提出，植物具备心理活动，也就是说，植物会思考，也会体察人的各种感情，他甚至认为，可以按照不同植物的“性格”对植物进行分类，就像心理学家对人进行分类一样。

一连串神奇的新发现，使科学家们越来越着迷。假如植物确实有丰富的感情,那么它也应该像人类一样,在成长过程中会受到感情的影响。1973年5月,加拿大生物学博士瓦因勃格每天对萬苣做10分钟的超声波处理,结果获得了意想不到的高产量。与此同时,美国科学家史密斯,对大豆播放“蓝色狂想曲”音乐,十天后,每天听音乐的大豆苗重量,要比不听音乐的高出四分之一。这些实验证明,植物确有活跃的“精神生活”,轻松的音乐能使植物感到快乐,促使它们茁壮成长。相反,喧闹的噪音会引起植物的烦恼,生长速度减慢,有些“精神脆弱”的植物,在严重的噪音袭击下,甚至萎缩死去。

在研究植物感情的过程中,科学家们发现了越来越多有趣的问题,于是,一门新兴的学科——植物心理学,便从此诞生了。迄今为止,已有许多植物学家献身于这一课题的研究,并已取得了一些令人不可思议的发现和结果。

植物“好色”。各种植物不但自身有美丽的外衣,而且有良好的视觉。它们能辨别各种波段的可见光,尽可能地吸收自己喜爱的光线。农业科学家发现,用红光照射农作物,可以增加糖的含量;用蓝光照射植物,则蛋白质的含量增加;紫光可促进茄子等带紫色“外衣”的作物成长。所以,根据不同植物对颜色的不同喜好和具体的生产需要,农作物种植者可以给植物加盖不同颜色的塑料薄膜。同样在培育观赏植物的过程中,也可以利用植物的“好色”性。

植物“好乐”。科学家研究发现,植物可以对各种各样的音乐作出不同的反应。如果植物伴随着音乐成长,根系和叶绿素都会增多。不同植物对音乐的欣赏也是很挑剔的,胡萝卜、甘蓝和马铃薯偏爱威尔第、瓦格纳的音乐,而白菜、豌豆和生菜则喜欢莫扎特的音乐。有些植物宁愿不听音乐,也不愿听它们不喜欢的音乐,为了表示它们的反抗,它们不惜付出生命的代价。比如玫瑰这种高雅的植物在听到摇滚后就会加速花朵的凋谢,而牵牛花在听到摇滚乐的一个月后完全死亡。

胡萝卜

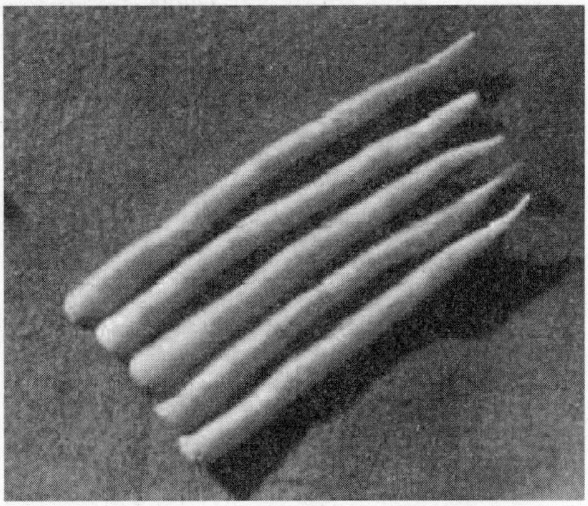

植物会“哭泣”求援。科研人员发现,植物(作物)在遇到虫害时会予以反击,方法之一是分泌一些化学物质(毒素)来杀灭害虫。但是,植物自身分泌的化学毒素也不一定能有效或完全阻止害虫的蚕食。后来,研究人员进一步发现,植物在打不赢敌害(害虫)时,会

甘蓝

像人类一样或大声疾呼或拼命哭泣，以此来呼唤援兵，让害虫的天敌火速赶来吃掉害虫。当然，这种“呼唤”和“哭泣”都是分泌一些化学物质，这些化学物质正是吸引害虫天敌的易挥发诱导素。

植物会“智胜”。有的植物为了使自己免受动物侵害，就分泌出某些化学物质来对付动物。比如昆虫吃了植物的茎叶之后，就会消化分解植物体内的多糖。昆虫胃里有糖苷酶，它能促使多糖水解成单糖，在昆虫体内产生能量维持生命。有些植物根据这一情况，制造出一类带羟基的吡咯烷化合物，其化学结构跟果糖相似，诱使昆虫误把这种化合物当作果糖结合。一旦结合就再难水解，从而破坏了糖苷酶的催化水解反应。昆虫吃下后，纤维素不能水解消化，因而大伤胃口，使之从此不再贪吃这种植物。

植物富有“同情心”。美国犯罪中心曾经用植物作过著名的情感实验，在有两株植物的房间进入了 6 个人，其中一个人掐断了一株植物，然后 6 个人离开，研究者把测试仪和没有“被害”的植物叶片连接起来。过了一会儿，6 个人分别在不同时间进入房间，其他 5 个没有掐断植物的人进入房间时“被害”植物表现平静，当掐断另一植株的“罪犯”进入房间的时候，没有“被害”的植物的“情感曲线”出现很大波动，就像人们发怒一样。

植物的情感研究有极为重要的科学意义。它不仅能发现、揭示物种间的亲缘关系，而且这些发现还告诫人们要尊重所有生命，因为任何生命都有自己生存的权利和情感，如果过分掠夺植物资源，植物可能像对付动物那样最终以它们的独特方式来报复人类。所以人类不要夜郎自大，总认为自己高于一切，人类要尊重现有生命，保护好现有生命环境。这门新学科中，还有无数值得深入了解的未知之谜，等待着科学家们去探索，去揭晓。

（罗玉兰）

驱蚊植物

一到夏季，蚊子便无处不在，叮咬和骚扰人们，携带和传播细菌和病毒等病原体，深为人们所烦恼，被称为“四害”之一。比较人工合成的驱昆虫产品，植物驱蚊更加简便、经济、易于推广，因而受到许多农村妇女和发展中地区的重视。

驱蚊草不仅仅指一种植物，而是指可以用来驱赶蚊子的所有植物的总称。许多种植物可以用来驱蚊，如夜来香、除虫菊、杀虫花、凤仙花、薄荷、茉莉花、西红柿等都是传统的驱蚊植物。

为什么这些植物可以驱蚊呢？研究人员对杀虫花、碧冬茄和细杆沙蒿等驱蚊植物开展了深入的研究。研究发现，这些植物能释放出一些气味，其中含有令蚊子闻之即怕的成分。

杀虫花，又叫驱蚊花、逐蝇梅等，为马鞭草科马缨丹属，原产巴西，为多年生植物，直立式半藤本状灌木，茎高1米左右。花期盛夏，腋生伞形花序，花冠有红、黄、白等色，也是很好的园林植物。研究发现，杀虫花的植株上会散发出一种气味，虽然不易为人所觉察，但对蚊子和其他一些飞虫却十分敏感，蚊子一闻到就逃之夭夭。据化验，其叶含马缨丹烯A、马缨凡烯B、三萜类马缨丹酸和马缨丹异酸、还原糖、鞣质、树脂以及生物碱。此外还含0.16%～0.2%的挥发油，其主要成分为草烯、β-石竹烯、γ-松油烯、α-蒎烯和对-聚伞花素等。嫩枝中也含马缨丹烯A。正是因为散发出的气味中含有这些成分，杀虫花就成了蚊蝇等飞虫的“克星”。

碧冬茄为茄科碧冬茄属草本植物，花冠呈漏斗状，为白色或紫堇色，有条纹。经研究，碧冬茄鲜花精油中含有叶醇、苯甲醛、苯甲醇、苯乙醇、乙酸苯乙酯等驱蚊活性成分，它们占有挥发精油总成分的70%，为碧冬茄具有良好的驱蚊作用找到可靠的科学依据。

细杆沙蒿又名细叶蒿，分布于我国内蒙古、河北北部、山西北部和俄罗斯远东地区。散发出的

驱蚊植物

气味有很强的驱避甚至毒害(麻醉)作用。研究人员通过实验发现,细杆沙蒿挥发油在4小时内,驱蚊效果达90%;在8小时内,作用为80.3%。在细杆沙蒿的挥发气体中,含量为36.59%的邻苯二甲酸酯是其驱蚊作用的有效成分。

蚊子对植物植株体散发的香味和其他异味中的一些成分具有特殊的敏感性,因而许多具有挥发性气体的植物都有一定的驱蚊作用。除了前面所提到的种类外,驱蚊植物还包括夜来香、薄荷、马缨丹属、藿香、熏衣草等。

驱蚊所使用植物的量是需要特别注意的,虽然很多植物可以帮助我们驱蚊,但是如果种植的植物量太少,散发的挥发性物质就不足以有效驱赶蚊子。另一方面,在封闭或不太宽敞的情况下,房间里的植物芳香或异味不宜过浓,否则会引起身体不适,因此需要适当的通风条件。

（田　旗）

驱蚊草

驱蚊草能散发一种柠檬香味,在屋子中生长,蚊虫就会逃逸。原因是驱蚊草的培育者采用了转基因技术,将具有驱蚊基因——香茅醛基因结构植入“香草”,利用其自身独有的释放系统作为载体,将香茅醛物质源源不断释放于空气中。同时,还植入含有清新气味和净化空气作用的植物DNA(基因)结构,形成“天然蒸发器”,因而芳香四溢。特别是炎热夏天,会令人神清气爽、心旷神怡。其驱蚊效果良好,对人畜无害,可驱避上百种蚊虫。

千年古莲子开花之谜

1984年5月，北京西郊太坞村的一个池塘，从未种过莲藕却忽然长出满塘荷花，一时传为奇闻。人们闻讯纷纷前往观赏，心头无不疑团重重，这满塘的荷花从何而来？

经了解，鱼塘原为苇坑，1958年初将苇坑挖塘养鱼。当时曾在1.2～1.7米深处挖到大量乌黑坚硬的莲子，外观成椭圆形，平均长16.3毫米，直径9.9毫米，表面光滑，有光泽，内中莲仁尚新鲜可食。经中国科学院考古研究所用放射性碳素测定，这批莲子的寿命距今已580±70年。据说此处是朱明王朝时一个贵族的花园，后沧桑变迁，才荒为苇坑。

古莲子在国内外屡有发现。1952年在辽宁省新金县普兰店泡子村挖出一批古莲子，据测距今约有千年，北京植物园的工作人员用锉刀将莲子两端的硬壳锉破，浸泡在清水里，2天后萌出翠绿的嫩芽，发芽率竟高达98%以上。1951年日本千叶县泥炭层中发现的古莲子已有2 000年的历史，经日本荷花博士大贺一郎精心培育，发芽生长，开花结果，命名为"大贺莲"。武汉植物园的科技人员以辽宁新金县出土的中国古莲为母本，"大贺莲"为父本进行有性杂交，获得成功，命名为"中日友谊莲"，已在我国和日本的许多地方安家落户，繁衍后代。

古莲子为何能保存这么多年而完好如初？

这与莲子的构造不无关系。莲子的含水率低，内贮有抗坏血酸和谷甘胱肽等能维持长寿的物质，而且它的种皮是一层坚韧的硬壳，经切片观察，发现种皮细胞栅栏组织中有一条"明线"，这条明线的结构十分致密，即使是用硫酸浸泡，也需要经过6个小时才被溶解。它像瓶塞一样，阻止种子内外的物质交换，使种子内部的养分不致流失，又防止了水分与空气的进入，从而使种子呈密封的状态。这些条件的综合结果，便成了古莲子长寿的秘诀。

那么，北京太坞村长眠数百年甚至千年的古莲，为什么在1984年才苏醒呢？综上所述，莲子之所以不萌芽，关键是硬壳的束缚，如一旦解除这种束缚，莲子便能迅速地萌发。可以推测，1958年开挖河塘以后，有些留在塘底的莲子由于埋土较浅，从而受到气温变化的影响；同时，由于河塘数次抽干捕鱼，气温的高低、水分的干湿变化、微生物的侵蚀，使莲子的硬壳渐渐受到损伤。这时莲子逐渐解除了硬壳的机械束缚，当大地回春，

水分渗入，莲子即可迅速萌发。加上鱼塘的土壤肥沃，有利于荷莲的生长，满塘荷花的迷人景色出现，就是必然的结果了。

古莲是荷花育种宝贵的种质资源。20世纪50年代从辽宁普兰店挖掘的古莲子，经园艺工作者的培育，被誉为“中国古代莲”。中国古代莲属大型单瓣花的野生型品种，花蕾圆锥形；花瓣形狭长，12～16枚，分内外2轮排列，花瓣尖端为淡紫红色，花冠直径在26厘米以上。另一古莲品种“孙文莲”花蕾桃形，渐尖形花瓣12～14枚，分内外2轮排列，花冠直径22～26厘米，花瓣尖端为桃红色，基部接近花心处为黄红色。孙中山先生从事救国运动时，曾得到日本实业家田中隆先生的热情支持。1918年，孙中山先生以“至诚感神”的题字和四颗古莲子赠田中隆先生，以表谢忱。1930年田中隆先生将古莲子交给了养荷专家大贺一郎，并培育开花。因花形大，瓣细，爪红，具有端庄、淡泊、高雅的气度，神似孙中山先生的高风亮节，故命名为“孙文莲”。虽然这些古莲属原始品种，在花色和花型上没有多大变化，但属培育莲花优良品种中的佳品。

（张鲁归）

花朵变色的奥秘

春回大地，百花盛开，黄色的迎春花、粉红的桃花、紫红的紫荆、白色的玉兰……或浓艳，或淡雅，令人陶醉。是谁把烂漫的鲜花打扮得如此绚丽、五彩缤纷呢？欲知其中的缘由，还得从色素谈起。

鲜花之所以有这么动人的色彩，是因为在花瓣的细胞液中除含有叶绿素、类胡萝卜素外，还有一种无色的花青素。花青素是一种有机色素，可称得上是“魔术大师”，它在碱性溶液里是蓝色，在酸性溶液里变为红色，在中性溶液里又变为紫色。这可通过实验来证明：如果你摘下一朵红色的牵牛花，泡在肥皂水里（碱性溶液），花色立刻由红变蓝；如果把这朵蓝色的花再放入稀盐酸溶液中（酸性溶液），花色又由蓝变红了，这实际就是花青素的变色反应。

由于花青素的这种惊人本领，不仅能使许多鲜花色彩斑斓，而且还能使花色变化多端。如绣球花，初开时深粉色，后变蓝色，最后变豆绿色；当不同比例、不同浓度的花青素、类胡萝卜素、叶绿素等各种色素相互配合后，就会变成千差万别的色调，把花朵染得五光十色，姹紫嫣红，并随着花中酸碱度和温度的变化，使鲜花显出红、蓝、紫、绿等色。但黄花本身则不含花青素，之所以呈黄色则是另一化妆师“胡萝卜素”的杰作。有些黄花，当含有极淡的花青素时，就变为橙色。由此可见，万紫千红的鲜花，完全是由花青素和其他色素相互配合的结果。

一般说来，花儿以叶绿素为主体时，可显青色和绿色，如绿月季等；以花青素为主时，可显红色、蓝色和紫色，如玫瑰等；以类胡萝卜素为主体时，则显黄色、橙黄色和茶色，如菊花等；若不含任何色素，则呈白色，如白玉兰。各种色素当中，变化最多的是花青素和类胡萝卜素。

了解色素和色素的变化规律之后，就揭开了花朵显色和变色的秘密。比如，为什么一串红开红花，玉兰开白花？为什么同种花卉的不同品种有的开黄花，有的开白花，有的开红花？所有这些，都是由各种元素巧妙地“化妆”所致。

有人统计了 4 000 多种花的颜色，发现在绚丽多彩的花色中，主要有白、黄、红、蓝、紫、绿、橙、褐等 8 种色彩。大多数在红、紫、蓝之间变化着，这是花青素施展的本领；其次是在黄、橙、橙红之间变化着，这是类胡萝卜素要的把戏。在世界各种植物的花色中，最多的是白色，其次是黄色、红色、蓝色、紫色，最少的是绿色，如菊花品种中的“绿菊”，花瓣呈悦目的绿色；罕有黑色的，如菊花中的“黑菊”，它的花瓣竟然是黑色的，是菊花中的珍品。又如号称“花王”的牡丹，有一品种的花瓣为暗紫色，叫“黑牡丹”，更是牡丹之骄子。

在自然的情况下，初开的花，往往花青素的含量很低，随着花的开放，花青素的含量逐渐增加，花的颜色也就由白变红。如世界上著名的观赏植物王莲，花初开时为白色，后变成淡红色，最后变成深红色。在一天之中，花的颜色变化常常与花瓣细胞中的酸碱度变化有关。清晨，随着太阳的升起，花朵的生理活动就逐渐加强，呼吸产生的二氧化碳在细胞液中形成碳酸。生理活动越强，碳酸的积累也就越多，花的颜色也就越深。如棉花在早上开放时为乳白色，中午以后就逐渐变成粉红色。

当然，还有很多花色的变化是与花青素无关的，它是由于某些色素的积累造成的，如金银花在春夏之交时开花，花朵初开时白如银，但是过了一天之后变成色黄如金，一藤之上，黄、白花交映，宛如金银并列，非常有趣，究其原因，是黄色素的积累所致。有些花色的变化是由于花色素的转变造成的，如十样锦，花蕾为黄色，开放后变成红色，花开放的时间又不一致，所以同一株上的花有黄色、粉红色、红色，美丽色彩令人赞叹；又如水芙蓉上午为奶油色，下午变为红色。这一类花从色素上分析都有共同的特点，即花蕾初开时色素为类黄酮，花开放后形成花青素。

缤纷世界，姹紫嫣红。自然界的花朵之所以呈现各种色彩，其实也是生存所需，由于光波长短不同，不同颜色的花对光波的反射各异，因此，只有花色适应了这种光照，花朵才不致受到伤害。同时，为了吸引昆虫前来传花授粉，各种花朵也竞相呈现各种艳丽色彩，请来昆虫做“红娘”，让自己得以繁衍生息。

（王　钺）

竹与竹子开花

竹是禾本科、竹亚科植物的通称。一般为木本多年生植物,近年发现少数草本和近草本的种类,称为草本状竹。竹的英文为 bamboo,源于竹在燃烧时发出的爆裂声。

竹的外观姿态,虽不如牡丹之富贵,也无青松之雄伟,更无桃李之娇艳,可是竹刚强正直,宁折不屈,未曾出土即已成节。饥食腐殖土,渴饮山泉水,虚怀若谷,令人敬佩。竹的这种特性,自古常被喻作人类的高雅风格和坚贞品质,加以歌颂,与梅、松并称为"岁寒三友"。苏东坡有诗云:"宁可食无肉,不可居无竹。"

竹与中华文化、经济的发展有着密切的关系。首先,竹富有观赏价值。竹的形态端庄挺拔、茎秆秀美、枝叶婆娑、四季常绿,因而成为中国风景园林中必不可少的重要成员。在传统园林组合中,常与梅、兰、菊配组成景,相映生辉。明代著名造园家计成在《园冶》中写道:"栽梅绕屋,结茅竹里"。于是,竹成为一种在我国广泛栽种的园林植物。竹又是中等耐阴植物,茂林修竹,雅俗共赏。常在墙旁、屋隅,种植修竹数株,以洞门雕墙为背景,竹丛为主景,创造多种竹林景观,令人赏心悦目。竹除了绿化和美化居住环境外,还可增氧、除尘、净化空气,具有提高环境质量的功效。

其次,竹具有多种实用价值。出土的新石器时代文物中,就有竹篓、竹篮和簸箕等竹编器,甲骨文(公元前 16 世纪～公元前 11 世纪)中有竹制品的记载。周代竹制乐器已有 7 类之多。竹的现代应用更是十分广泛。在建筑、交通、家具、造纸、雕刻等行业中,常用竹作为材料或原料。竹材的性质优异,顺纹抗拉强度较高,平均约为木材的 2 倍,单位重量的抗拉强度约为钢材的 3～4 倍。

另外,竹还有良好的食用价值。竹初萌生时谓之笋,作为蔬菜食用的是竹的嫩芽或鞭(地下茎的侧芽),出土前在冬季采收的叫冬笋,刚出土面清明前后采收的叫春笋,夏季采收的叫鞭笋。竹笋是我国城乡居民的家常菜。传统医学认为,竹笋性寒,能清热解毒,化痰益气,利尿消食,适用于热痰咳嗽、胸膈不利、心胃有热、二便不畅。但对竹笋的营养价值,一直未能取得共识。比较流行的说法是:竹笋虽鲜,但无营养。又说:吃一天笋,刮三天油。现代营养学研究指出,竹笋的蛋白质含量较高(鲜竹笋为

开花的竹子

2.6%),超过多数蔬菜,且在氨基酸组成上,谷氨酸、天冬氨酸这两种呈鲜味的氨基酸含量较丰,食味鲜美。竹笋富含膳食纤维(冬笋为3.6%,春笋为5.6%,鞭笋为13.6%),低脂肪(0.1%~0.2%)。可见,竹笋是一种高纤维、低脂肪食物,有利于清洁肠道,具有一定的减肥作用。人们形象地描述为“刮油”不无道理。

关于竹子开花死亡的问题,一直为人们所关注,那么竹子大概要生长多少年才能开花、开花后是否会真的完全死亡呢?

据植物学家研究认为,通常竹子不会开花,因为它一生中只能有开一次花、结一次实的过程,而且结了实或开了花就完成了它的一生,会死亡。另外,竹子与气候的关系也十分微妙,在正常状态下都不会开花,而到了气候十分反常时,如遇天灾,十分干旱,竹子就会开花。所以有经验的农民就会有“竹子开花大旱年”的谚语。而且竹子开花后其养分已全部消耗尽,植株就会因为缺乏营养而死亡。

竹子开花往往是连片,所以大面积枯死,经过观察和研究后,得出竹子连片死亡是由于竹鞭连在一起,地下竹鞭纵横交叉,养分是互通的,因此开花时,也会使用地下竹鞭的养分,开花太多了,使地下竹鞭也缺乏营养而死亡。

怎样才能防止竹子开花死亡呢?有植物学家研究后认为:要加强养分管理,使其不缺营养,若有开花植株,应马上采取地下切断竹鞭,从而遏止大面积的开花。当然,加强土壤肥力管理是防止开花的重要措施,还要制造好的小气候环境,如保持土壤的湿润以满足竹子的生长也是一个好的办法。

(王统正)

果鲜花艳的桃

桃为蔷薇科落叶小乔木，原产中国西部，据考证，2 000 多年前由我国甘肃新疆传到波斯(今伊朗)，再由伊朗传到欧洲，现世界各地均有栽培，迄今已有 3 000 年的栽培历史。桃可分为观花型与果用型两大经济类群。观花品种只开花，不结果，花重瓣，供观赏用；果用品种开花结果，以成熟核果供食用。观赏用品种中较为著名的有三种：碧桃，开淡红色花；绛桃，开深红色花；绿花桃，花淡绿色，它们以花色艳丽而受到园艺师们的青睐，常于湖滨、河畔、庭院、公园与垂柳相间搭配栽植。每当春季，桃花盛开，桃红柳绿，相映成趣。西湖的"苏堤春晓"就是由桃、柳组成的景观："西湖苏堤六里桥，一株杨柳一株桃。"

果用型的桃果实原为脆硬型，果大而柔软多汁的类型出现较晚。山东肥城佛桃和上海水蜜桃均初见于明代。全世界约有 3 000 多个果用品种，中国有 800 多个，可划分为 4 大品种群：北方品种群，耐寒耐旱，主要分布于黄河流域，著名品种有肥城佛桃和涞州水蜜桃等；南方品种群，喜温暖湿润，主要分布于长江流域，以玉露和上海水蜜桃为代表；黄肉品种群，喜干燥冷凉气候，原分布于新疆、甘肃一带；近年又兴起新的罐桃原料基地；油桃品种群，适宜夏季干燥气候，分布于新疆、甘肃一带；美国种植的桃属于油桃改良品种。

桃与中华文化有着悠久的历史渊源。桃象征着美好、长寿，古代文人诗文中常出现，如陶渊明的《桃花源记》即形容培育人才，为社会作出贡献者是"桃李满天下"等。全国山川、峡谷、地名以桃命名的不下 300 余处。在桃的种植过程中，我们的祖先曾对桃树的习性做过一系列的观察记载。如《管子》有"五沃之土，其木宜桃"的记述。《齐民要术》指出，"桃性早实，三岁便结籽，七八年便老。"在《本草纲目》中则有"桃性早华，易植而子繁，故字从木兆，十亿而兆，言其多也"的描述。这些都是古人对桃的直观记录，至今仍有参考价值；桃是强阳性植物，故光照不足，开花结果少，幼枝易枯死；耐旱，怕涝，喜肥沃土壤。掌握上述习性才能栽培成功。

桃花

桃以其颜色艳丽，香气诱人，入口甜润而被誉为“天下第一果”。其香气来源于成熟的果实含有的乙酸乙酯和沉香醇内酯，由于分子量小，挥发性强，房间内放上几只桃，就会感到香气四溢，清雅宜人。

桃是一种香甜多汁的水果。据测定，蜜桃含水量88.7%，碳水化合物9.0%，胡萝卜素10微克，维生素C 4毫克，且高钾低钠，钾钠比为169∶2.9即58∶1，对心血管有益。

（王统正）

火红石榴照眼明

石榴是石榴科石榴属的温带落叶灌木或小乔木，原产伊朗和中亚一带。在2 000多年前，以航海和经商著名的腓尼基（今黎巴嫩）商人，他们每到一处就带去石榴种子，因此地中海沿岸的人把石榴和腓尼基商人联系起来，称石榴为“菲尼莎”。汉代张骞出使西域时，自安石国引入中国，故又名安石榴。从马王堆出土的医籍中得知，我国在汉代已广泛栽培石榴。现我国南北各地均有栽培，以陕西临潼、安徽怀远、山东枣庄、云南蒙自、新疆叶城生产的石榴最为著名。石榴小枝常呈刺状，夏季开花，多为红色，由于“五月榴花红似火”，故农历5月有“榴月”之称。虽说石榴花多为红色，但作为观赏用的粉红色、纯白色、杏黄色、橙红色以及红白相间的亦常见。石榴树是公园、庭院、道旁及农村宅前屋后优良的绿化树种，每当春去夏来，群花凋落时，石榴迎着炎炎烈日，尤其是火红的花朵盛开枝头，与绿叶相映，成为园林中的夏景；石榴还能栽在盆中成为石榴盆景，可配置在古典园林中。此外，石榴还对城市中的有害气体如二氧化硫、氯气、氟化氢、二氧化氮等具有抗逆和吸收能力。

在我国，石榴的果实代表吉祥、繁荣和昌盛，因为石榴多籽，象征多子多孙，后继有人，成为我国民间表示良好祝愿的馈赠礼品；而石榴花则因其美丽而被古代妇女所钟爱，常喜欢戴在头上作为装饰。因此，石榴和中

石榴

石榴树

华文化已紧密联系在一起了。

石榴花在国外也被看作富贵吉祥的象征。西班牙人推选石榴花为国花。作为水果食用的是肉质的外种皮，多淡红色，少数为黄白色，俗称“冰糖籽”，甘甜多汁，是我国传统的中秋佳节时令水果。

传说杨贵妃不仅喜食荔枝，也喜欢吃石榴。每当贵妃酒醉时，皇上就剥石榴放入贵妃口中，为她解酒。陕西临潼名贵石榴品种“贵妃石榴”，据说就是当时杨贵妃最爱吃的那种石榴。

传统医学认为，石榴性温，味酸涩，花、叶、果皮、茎皮、根皮均可入药，有涩肠、止血、驱虫的作用。

现代研究得知，石榴含水分78.7%，碳水化合物14.5%，每克中含维生素C达13毫克，其营养结构的突出特点是高钾低钠，钾钠比为218∶0.8即273∶1，经常食用石榴对保护心脑血管有益。

（王统正）

葡萄

葡萄为葡萄科，葡萄属多年生落叶木质藤本。古称蒲萄、蒲桃。葡萄是世界上最古老的栽培植物之一。早在5 000多年前，叙利亚、埃及、伊拉克、南高加索及中亚细亚等地已有栽培。我国的葡萄是汉武帝时张骞出使西域时，由中亚细亚经丝绸之路引入的。现代主要栽培区分布于北纬20°～52°和南纬30°～45°之间，栽培最多的为西班牙、意大利、法国。中国以新疆的栽培面积最大，约占全国栽培面积的30%，其次为山东、河北、河南、山西、辽宁、安徽诸省。

葡萄有8 000多个品种，分属于3大种群：欧洲种群、东亚种群、北美种群。生长期间要求温暖、阳光充足，浆果形成时气温较高，昼夜温差较大，养分积累多，果实着色好，含糖量高。果色有白、红、褐、青、紫、黑等颜色。

在希腊神话和荷马史诗中，有关葡萄的故事不少。其中有一则这样写道：巴克科斯是万神之王，他每到一处就教人民种葡萄，因此，广阔的田野不久都变成一望无际的葡萄园。巴克科斯这种造福于人民的行动，遭到战神彭透斯的嫉妒，派兵到处捉拿巴克科斯。一次战神的船在海里搁浅，原因是船桨被葡萄藤绕住，而葡萄藤则沿着桅杆向上爬，并在所有的船帆上挂满了紫红色的葡萄。这时，巴克科斯在夺目阳光下突然出现，他举起神杖一挥，海中的动物蜂拥而上，战船上彭透斯的士兵全部被消灭。从此，巴克科斯被人民尊奉为“葡萄之神”。直至今天，每年葡萄丰收的季节，希腊人都要举行十分隆重的庆祝仪式。成千上万的人穿上艳丽的民族服装，手捧紫色的葡萄和香醇的葡萄酒，表示对葡萄神的感激之情。而化妆为葡萄神的人，端坐在6匹高头大黑马拉的大马车上，后面跟着长长的队伍，观看者人山人海。庆祝活动高潮时，葡萄神向优秀的葡萄种植者赠送桂冠，后来这种庆祝活动扩展到地中海沿岸诸国。

葡萄，本来不过是一种酿酒和生

食兼用的温带水果，可是近年来由于“法兰西怪事”（法国人动物性脂肪摄入量大，而心血管疾病的发病率却很低）被揭秘而名声大振。法国人偏爱喝红葡萄酒。红葡萄酒是葡萄的果皮、果肉、果汁经自然发酵酿制而成，其中含有丰富的白藜芦醇。白藜芦醇是一种多酚类化合物，因最先发现于毛叶藜芦的根部而得名，以中药的虎杖、决明子，食物中的桑椹、花生、葡萄中的含量最丰富。白藜芦醇主要存在于葡萄皮中。红葡萄酒是带皮原汁发酵酿造的。乙醇将果皮中的白藜芦醇提取出来，所以白藜芦醇含量很高，而白葡萄以纯汁发酵，几乎不含白藜芦醇。一般说来，每升红葡萄酒含白藜芦醇 2～10 毫克。据研究，白藜芦醇对心脏有保护作用。因为白藜芦醇能提高有益的高密度脂蛋白胆固醇，减少有害的低密度脂蛋白胆固醇，从而软化血管，使血管壁保持良好的弹性，因此能预防动脉粥样硬化。红葡萄汁中白藜芦醇的含量，同许多红葡萄酒相比，有过之而无不及。而且，葡萄汁不醉人，儿童也可饮用。

白藜芦醇存在于红葡萄的外果皮中，出于保持原有营养成分的考虑，有人建议吃葡萄时不要吐葡萄皮。但是要把葡萄皮咽下去，说来容易做来难。为此建议大家吃葡萄时把皮咀嚼一番，吮吸汁液后再把果皮吐掉。

（王统正）

葡萄籽的美容作用

葡萄籽是葡萄中最有价值的成分之一。近年来，在欧洲开始流行葡萄籽美容。葡萄籽中含有一种叫葡多酚的物质，也称花青素（OPC），具有很强的抗氧化作用，其抗自由基的氧化功能是维生素 C 的 20 倍、维生素 E 的 50 倍。葡多酚还能够修复皮肤中的胶原蛋白和弹性纤维，在夏天使用效果最佳，能够使保持皮肤美白健康。

杏、杏林

杏为蔷薇科，属落叶乔木。在我国栽培历史悠久，品种繁多，约有2 000多年的历史。《管子》(公元前685年)记载:“五沃之土，其木宜杏。”说明当时已栽种杏树了。西汉《氾胜之书》和东汉崔寔《四民月令》都以杏花开放为物候，用以指导农业生产。公元前从中国西传至亚美尼亚，后在欧洲形成适应当地的品种群。美国自18世纪由欧洲引种后得到发展，二战后南非和澳大利亚也发展了经济栽培。我国主要分布于北纬44°以南地区，以黄河流域各省为主产地。

杏树冠开张，叶宽卵圆形，花单生，花瓣白色或稍带红色。核果球形，果皮及果肉金黄色，种子扁卵圆形，味苦或甜。杏的品种按用途可分为三类:鲜食类、仁用类和仁干兼用类。

杏树适应性强，耐旱，不耐涝，喜光，耐寒力、抗风力均较强。可作防护林和水土保持树种，同时，也是优良的园林树种，早春开花，先花后叶，红霞满树，春光照人，有“北梅”之称，可与松、柏一起，培植于池旁、湖畔或植于山石崖边或庭院之中，具有很高的观赏价值。

杏花美妍喜人，自古就为诗人传颂。“小楼一夜听春雨，深巷明朝卖杏花”是陆游咏杏的名句。又如宋代叶绍翁有句:“满园春色关不住，一枝红杏出墙来。”据《庄子》记载，孔子爱杏花，他坐在杏坛之上，弟子们在读书，孔子就在一旁弦歌鼓琴，后人因此称教馆(学堂)为“杏坛”。据晋朝葛洪《神仙传》记载，三国时吴国有个名医叫董奉，给人治病不收费，病愈后，病人则需要在董奉屋前宅后种几棵杏树。几年以后，栽下杏树十余万株，蔚然成林。初夏杏熟时，董奉告诉买杏者，不收银钱，只需以谷换杏。数年后，谷满仓。不久遇到荒年，董奉开仓济贫。从此，后人常用“杏林春暖”来歌颂医德高尚的好医生。我国历代的杏园、杏花村及以杏命名的地方很多。河南汲县有杏园，安徽凤阳有杏山，江西庐山有杏林，山东曲阜有杏坛，安徽贵池有杏花村。唐代杜牧的《清明》诗中“借问酒家何处有？牧童遥指杏花村。”即指贵

杏花

池杏花村。此外，山西汾县及杭州均有杏花村。

杏不仅与中华文化有着悠久的渊源关系，而且对人类健康长寿有特殊的贡献。南太平洋有个岛国叫斐济，以“长寿之国”而驰名，据称是一个没有癌症的国家。流行病学调查发现，这个岛上产杏，居民喜欢吃杏，以杏脯作主食。杏中富含类黄酮和维生素B_{17}，能增强白细胞吞噬癌细胞的能力，而且在杀灭癌细胞的同时，并不损伤正常的细胞。可见，经常吃些杏、杏脯或杏仁，对于提高人体免疫力无疑是有益的。

传统医学认为，杏的鲜果具有生津止渴、润燥补肺的功效，惟性热、体质内热者忌食。

（王统正）

沙漠植物的生存绝招

在人烟稀少、自然条件极为恶劣的戈壁沙漠中，你会惊奇地发现，在如此严酷的环境中仍然生长着很多可爱的绿色植物，不禁让人感叹自然界的神奇，这些植物是如何在干旱、高温、多风沙的气候条件下生存下来的呢？

我们知道沙漠里风沙大，沙漠可以掩埋道路、沟渠和房屋等，但它对沙竹却奈何不得，当沙竹被沙掩埋时，在茎节处能发出不定根和不定芽来，沙高竹长，随着沙丘的增高，沙竹不断淘汰旧根长出新根，自身也被沙丘抬高了。此外沙蒿、沙旋复花及花棒等都具有这种特性。

为了抵御风沙的侵蚀，沙竹、沙荠和沙芦草的根系能形成一层套根，即由固结的沙粒形成的囊状套，当带有根套的根被风蚀露出地面时，根套对根会起保护作用，使根免受灼伤、冻伤和机械损伤。沙葱长着很厚的纤维套同样起着根套的作用，这些都是对干旱环境的适应。

沙生植物一般都根系强大，主根深、侧根广，根可以是身长的数倍甚至数十倍。沙柳的根虽不如梭梭、白刺的根扎得那么深，但它的水平根会很长，其表层须根密如网，互相盘结、固结在沙丘上层，既可以固沙，也可广泛吸收沙丘表层的水分。沙拐枣同样也有此特性，水平根可以长达数十米。

沙漠中水分稀少，蒸发量却很大，许多沙生植物经过长期的进化，产生许多特异的形态结构，如白刺、沙拐枣的枝条呈灰白色，可以抵御强烈的日光，免受灼伤；盐爪爪和碱蓬的叶枝呈肉质以积攒水分；沙冬青的叶表面披有蜡质或灰白色毛；梭梭、柽柳的叶成鳞片状；霸王的叶缩小或退化;骆驼刺的枝退化为针状,等等。这些都是为了减少水分散失以适应干旱环境的结果。

在沙漠里干季长,雨期短。为适应这一特点,有些植物如沙蓬、盐生草等,在短暂的雨季1～2月里就可以迅速发芽、生长、开花、结果,完成其生活史;短命菊种子一遇雨即萌发,只需几个星期就可开花结实;在戈壁中生长的木本猪毛菜,干季时枝叶枯萎,呈假死状,遇雨则又恢复生机。再如银沙槐,能够大量结实,仅靠降水供种子萌发,萌发率非常之低,但因为种子多,一旦有种子萌发成活,便可大量分蘖,仍然可以繁衍生存。

总之,沙漠中的植物之所以能够生存,是由于长期的自然演化过程中,逐步适应环境的结果,所谓适者生存、不适应者淘汰。

（陈香波）

沙漠植物传种

沙漠里的植物传种的办法也是很奇特的。很多一年生或多年生的植物种子上长了翅膀或毛,种子成熟后就随着风飞翔和远扬,遇到合适的地方就发芽生长。如柽柳的种子粒小,具白色冠毛,借风飘落,种子一落到低湿地上,一般2～3天就可发芽出苗,迅速生长。还有的植物,例如花棒的荚果有节,成熟时节间断落,每节鼓起呈球状,体轻,遇风即在沙地表面滚动,不被沙埋,在条件合适时迅速发芽生长。再有一种油蒿的种子,遇上一点点雨水后,立即渗出胶质,俗称"油蒿胶",变得黏黏的,随着风在沙丘上滚来滚去,当全身粘上很多沙土后就发芽了。

植物也“变性”

在浩瀚的生物世界里，各种千奇百怪的事物层出不穷，就拿性别来说吧，每个生物个体来到这个世界，一般来说，都被确定为一种性别，或雌或雄。然而时常会听到动物中变性的说法，比如黄鳝，一生中先是雌的，后来又会变成雄的，那么植物呢，植物也会变性吗？答案是肯定的。

植物的性别，大多是在两性细胞结合时就已决定了的，在以后的一生中就会相对固定为一种性别，根据植株性别分化不同，大致可分为雌雄同株、雌雄异株、雌雄同株异花植物等。但是，在许多植物中，由于遗传、环境、生理等因素的影响，性别可能会发生变化，由雌转为雄或者相反方向转变，即所谓植物变性。目前，已知的有 5 000 多种雌变雄的植物，有数百种雄变雌的植物。与动物变性所不同的是，植物的变性一生中可能不止一次，植株性别可以相互转变，而动物只能变性一次。

植物变性的原因多种多样，生动有趣。有些本身就是适应环境的一种表现，比如印度天南星，它是一种多年生草本，生长在温带和亚热带地区潮湿的林下或小溪旁，植株有雄株、雌株和中性株之分。科学家经过长期的研究和观察后发现，印度天南星的变性同植株体型大小密不可分，植株高度值以 398 毫米为界，超过这一高度的植株多为雌株，小于这一高度的植株为雄株。因为开花结实过程需要消耗大量的营养物质，只有高大的植株才能满足这种需要，因而只能是大型植株为雌株了。前一年为雌株的大型植株，由于结实消耗了大量营养，第二年就变为了雄株，一旦积累一定营养，雄株也会变为雌株，而在营养条件不足以变为雌株时就暂时以中性株形式存在。

变性有时也跟植株生长的环境因子(温度、光照)以及修剪、施肥等栽培措施有关。杨树是常见的落叶乔木，人们在修枝过程中发现，如果修枝不当，母树(雌株)可以变为公树(雄株)。研究表明，这是由于修枝创伤引起植株内部发生一系列生理变化所致。黄瓜是雌雄同株异花植物，其性别可因肥料和光照的不同而变化。如果在早期发育中施用较多的氮肥，缩短光照时间或 CO_2 浓度增高，性别就会向雌性转变，使雌花数量增多，从而增加黄瓜的产量；反之，如果在早期发育中施用极少的氮肥和延长光照时间，雄花数增多，结瓜量亦会减少。而南瓜的性别则会因夜间温度的不同而有所改变，如果降低夜间温度，花的发育就会向雌性转变，导致雌

花数量的增多。人们掌握了这些规律，就可以在栽培实践中任意调节改变性别，而达到增产增收的目的。

还有很多变性现象至今人类还无法解释。美国波士顿大学的植物学家经多年考察红枫树的性别后发现，多数树可以一直保持原来的雄性性别，但有少数雄性红枫树会开出一些雌性的花絮，而有部分雌性红枫树又开出少量雄性花絮，让人匪夷所思。他们推测，这种性别上自相矛盾的树木，可能经历了一个不正常的性发展过程，需要人们进一步探索找到其中的答案。

总之，变性是植物界普遍存在的一种现象，其表现形式多种多样，一方面，我们可以透过变性现象发现其中的奥秘，即各种遗传、环境、生理的因素引起性激素的变化而产生性变；另一方面，我们也可以利用性变的规律，改变环境，使植物朝着人们所期望的性别方向发展。

（陈香波）

扫雷植物

丹麦“阿雷莎”(Aresa)公司的科研人员在哥本哈根大学卡斯滕·迈尔教授的指导下研制出一种转基因水芹，这种植物可以通过改变颜色，指示埋在其周围泥土里的地雷。利用这种方法排雷，可以为挽救成千上万人的生命做出积极贡献。

此种转基因水芹对泥土中地雷释放出的二氧化氮气体非常敏感，只要在有这种气体的地方生长3～5星期，它的叶子颜色就会由绿变红。不过，研究小组还不知道这种植物到底对二氧化氮有多敏感，所以也不清楚要多少气体才能使它由绿变红。

他们希望这个技术可以通过野外试验，一旦它获得成功，将大大加快扫雷的进程。目前，运用最常用的探雷技术，一个人一天也只能检查和清理2平方米的雷区。要知道，埋地雷的速度可要比清除它们的速度快得多。

研究者们操纵使树叶在秋天变红的自然机制——能产生红色素的基因“花青素”——来达到改变这种植物颜色的效果。该基因在一年中的大多数时候是处于关闭状态的。研究小组注入了一种基因，使红色素在遇到二氧化氮的时候能得以开启。

“阿雷莎”公司目前正在研制一种喷枪，可以既安全又廉价地播种这种植物。他们还在培育能对包括镉和镍在内的其他污染物做出反应的植物。这样就可以及时清除土壤中的重金属污染物。

研究小组已经采取步骤，以使这种基因工程植物不被扩散到野外。他们去除了基因中的一种重要生长激素，这种植物的生长需要一种特别设计的肥料。

水芹

阿拉伯芥(Thale Cress)对二氧化氮很敏感，在与受二氧化氮污染的土壤接触大约3周后，它的叶子会渐渐地由绿色变成红色。

2004年3月中旬，丹麦研究学者培育出一种经过基因改造的阿拉伯芥，这种植物能对埋藏在地面下地雷释放出的气味做出明显反应，因此有

阿拉伯芥

望成为未来军事上的一种新型扫雷技术。

研究人员表示，掩埋在地面下的地雷会散发出二氧化氮气味，而这种植物对二氧化氮很敏感，在与受二氧化氮污染的土壤接触大约3周后，它的叶子会渐渐地由绿色变成红色，这样，我们就可以通过观察地面上的阿拉伯芥的生长状况来判断地面下有没有地雷。

据统计，世界各国境内埋藏的地雷超过1亿枚，清除这些地雷既困难又危险。该项目研究员西蒙·厄斯特高表示，他们希望这种植物能够用来协助搜寻地雷，尤其是掩埋在农业地区的地雷。现阶段，他们只是以小区域做试点，如果试验成功，这项技术将有可能推广开。

厄斯特高说，解决播种问题的方法之一就是以飞机撒种。他们目前已成功培植出这种基因改造阿拉伯芥，并与丹麦军方合作，希望在年内进行局部试验并争取在2年内在丹麦或海外进行实地试验。

然而，有些人对这项新发明的实用价值表示怀疑。其中一家以苏格兰为基地的国际扫雷机构的发言人表示，他担心这种新奇的阿拉伯芥会把牲畜吸引到地雷区内。另一位地雷专家则表示，单单探测二氧化氮未必能搜寻到一些以特殊方法掩埋的地雷。

（吴建芬）

抗污染植物

工业生产中的废气、废水、废渣，未经处理就排放出来，造成大气及土地的污染，在这种情况下，很多植物受害而不能生存，而另一些植物具有一定的抗性，能够继续生长，它们就是抗污染植物。如月季能吸收硫化氢、氟化氢、苯、乙苯酚、乙醚等气体，对二氧化硫、二氧化氮也有相当的抵抗能力。杜鹃是抗二氧化硫等污染较理想的花木，如石岩杜鹃距二氧化硫污染源300多米的地方也能正常萌芽抽枝。木槿能吸收二氧化硫、氯气、氯化氢等有毒气体，它在距氟污染源150米的地方亦能正常生长。紫薇对二氧化硫、氯化氢、氯气、氟化氢等有毒气体抗性较强，每千克干叶能吸收10克左右有毒气体。米兰能吸收大气中的二氧化硫和氯气，在含IPPM氯气的空气中熏4小时，1千克干叶吸氯量为0.004 8克。桂花对化学烟雾有特殊的抵抗能力，对氯化氢、硫化氢、苯酚等污染物有不同程度的抵抗性，在氯污染区种植48天后，1千克叶片可吸收氯4.8克。它还能吸收汞蒸气。

树木可以长多高

树木可以长多高？决定它们最大高度的因素是什么？生物学家很多年来一直在问这些问题。

科学家以前认为，在没有外力介入或机械性伤害下，树木最高应该可以长到120米左右，至少在历史上曾经出现过高达120米的大树。不过，科学家现今再次审视该问题时，则将焦点放在树木生长的高度与其水分运送、光合作用的相关性上。因为科学家们认为，树木生长得越高，水分、养分等运送将更为困难，而末梢树叶的光合作用也会受到阻碍，在这种情况下树木将无法继续长高。

生长在美国加利福尼亚州的海岸红杉是世界上最高的树，最高的竟达112.7米，而且每年还在努力地拔高。但美国科学家研究认为，尽管如此，红杉也差不多已达到了其高度极限，最高不会超过130米。

美国科学家乔治·科赫与研究团队曾经前往加州北部的红杉森林区，从目前世界上最高的8棵红杉树中选取了5棵进行研究。他们选取的这几棵树龄都在1 000年到2 500年之间，对气候变化等环境因素已经充分适应。并且让人爬上当今世界上最高的5棵树，以便观察这些树木的生理机能。

红杉

在这些树的树顶上，他们发现了反映一定程度缺水状况的叶子，与在极端沙漠条件下的植物上所看到的叶子相似。尽管土壤水分充足，但重力和路径长度阻力是这种高度叶子扩展和光合作用的限制因素。

研究人员测量了红杉树内部的水量、树叶结构及其密度、光合作用能力和二氧化碳浓度后发现，尖梢树叶处于类似沙漠的条件，它们竭尽全力吸取水分，但是光合作用的强度明显落后于下部的树叶。

虽然这几棵红杉还在生长，大约每年长高25厘米，但科学家预测，它们的生长很快会变缓，在长到122～130米高之后就会完全停止生长。乔治·科赫教授与他带领的研究团队在调查树木的叶片组织结构、光合作用能力与二氧化碳浓度后发现:在树木顶端的叶片有严重的缺水症状,就如同这些树木是生长在沙漠一般。毕竟,树木将水分从根部、经由木质部再运送至叶子时,必须克服重力与导管内摩擦力障碍,所以要将水分从土壤中携带到 100 多米高的树叶,确实相当艰辛,这一点最直接地影响树木的生长。因此,乔治·科赫教授认为,这些近 2 000 岁高龄的树木虽然目前仍维持着每年 0.25 米的生长速度,但它们要再长高 15 米是相当困难的。

目前,科学家还在继续研究,寻找抑制树木长高的因子。相信将来树木都会长得更高。

（吴建芬）

最深的根

现在我们知道了树木能够长多高,那么树的根能有多深呢?我们知道漂浮在池塘水面的浮萍,它的根不到 1 厘米。水稻的根大都在 20 厘米深的土层内。棉花算是深耕作物了,最深的根也只有 2～2.2 米。一般树木的根有多深呢?俗话说:“树有多高,根有多深。”这个说法有一定的根据,但不够准确。比如在非洲沙漠里,有一种灌木叫有刺阿康梭锡可斯,高和人差不多,全身不长一片叶子,可是根长达 15 米。一般地说,水生和湿生的植物,根长得短而浅;旱生或沙漠里的植物,根长得长而深。

世界上根长得最深的植物是什么植物呢?它又生长在哪里呢?在南非奥里斯达德附近的回声洞有一株无花果树,估计它的根深入地下有 120 米,要是挂在空中,有 40 层楼那么高。目前认为它是世界上生长得最深的根了。

给植物的基因安上“开关”

提到开关，我们马上会想起电灯开关、水龙头开关等，但是，你是否知道，植物基因也有“开关”？由澳大利亚和比利时科学家组成的一个联合研究小组最近宣布，他们找到了一个增强作物的抗病能力以及防冻、抗旱能力的基因促进剂，即“基因开关”，有助于生产出营养更丰富、生长速度更快、产量更高的作物，这意味着可以更好地控制植物生长的方式。人们可以设计抗病害或抗旱的植物，有些可使其生长得更快，而另一些则可使其蛋白质含量更高。那“基因”又是什么呢？究竟什么是“基因开关”，科学家为何要给植物基因安上“开关”？

漫天桃絮

“基因”是物种内的遗传物质，也就是所谓的DNA，它可以从上一代传递到下一代。给基因安上“开关”的目的是人们能“任意”地将上一代好的基因传递给下一代。

物种的很多性状都是由基因控制的，正如“种瓜得瓜，种豆得豆”所说的，瓜内有控制瓜的基因，豆内有控制豆的基因，所以种下的瓜在自己特有基因的控制下就长成了瓜。但同样是瓜，有的是多籽的，有的是无籽的，显而易见，在瓜内还存在控制生籽的特定基因。能不能按照人们的意愿，用人工方式来定时、定点、定量地让这些基因得以表达呢？回答是肯定的！“基因开关”就是这样一项奇妙的技术。人们就按这个思路想办法给基因安上“开关”，这个“开关”实际上是一个“启动子”，又称基因促进剂或基因激活器，相当于收音机里的一个芯片，把它植入到特定植物里，就能得到想要的性状。

杨树林

植物学界的研究人员也开始研究

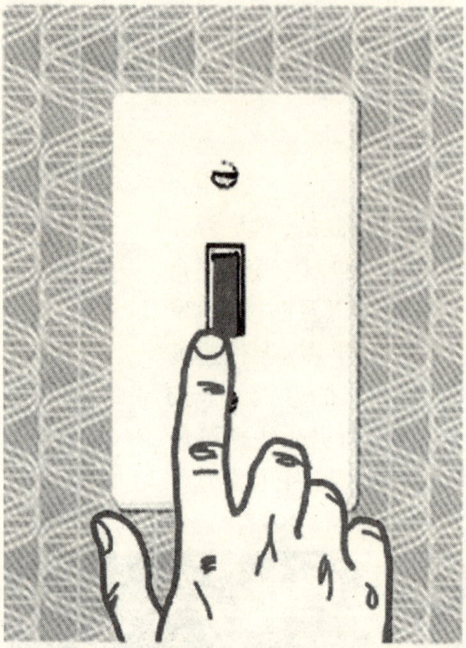

基因“开关”

植物中的基因，如春天杨柳的花絮实在让人头疼，如何让它们不飞絮呢？他们发现杨柳树的开花发育是由基因调控的，就是有个操纵开不开花的“开关”，科研人员首先找到这个“开关”，然后用克隆方法“生产”，通过改造把“开关”关上，最后转移到开花的杨柳树细胞里，这样培育出的新品种自然就不开花了。目前，该实验室研究开发的开花发育调控基因，已经在国际基因库注册，并进行了克隆和转化实验。

人们的肉眼看不到基因，所看到的是基因控制的性状表现，如我们看不到控制开花的基因，而看到的是某种植物开花不开花。科学家是通过对事物外表的观察，再深入到植物的细胞内，找到“基因开关”的。这里面的学问可深了，所以我们平时要多留意身边的事物，会发现任何性状都是由内因(遗传物质)和外因(环境因子)共同作用形成的，如果找到控制性状的内因，那么，给它安上“开关”就有希望了。

据报道，在遭遇病害时，植物的免疫系统往往会通过“基因开关”启动或关闭自己，做出保护性反应以减少对自身的伤害。美国研究人员最近以植物拟南芥为研究对象，首次发现了植物免疫系统的基因开关。这个发现可以帮助人类开发抗病害的植物新品种，更好地抵御细菌、真菌等引起的农作物灾害。美国密执安州立大学的迈克尔、托马肖及其同事最近发现一种植物抗寒开关基因，它能启动植物的防御机制抵御寒潮的袭击。

另据报道，美国科学家已发明了寻找基因开关的芯片，能通过“劈”开DNA、再使用抗体的方法，帮助找到基因开关。也许不久的将来，人们就可以为大多数转入植物体的外源基因找到一个相应的“开关”。到那时，转基因植物的成功率将会得到极大地提高，而由转基因植物带来的风险也会通过“开”和“关”大大降低，转基因生物的灿烂前景也许很快就不再是一个梦。

（张冬梅）

植物“混血儿”是如何诞生的

提起“混血儿”，人们不由得为他们特有的迷人气质所叹服！世界上不少名人都是混血儿出身。可你知道植物也有“混血儿”吗？它们又是如何诞生的呢？

植物的“混血儿”是杂交培育出来的。那什么是“杂交”呢？杂交就是不同植物种类或同一种类的不同小种、品种或类型间进行交配，获得杂交种。通俗地说，就是一种植物或同一种植物的不同品种的花粉（雄性配子），经过不同途径落到另一种植物或同一种植物的不同品种的柱头上，经过花粉管进入胚珠内与卵细胞结合，发育成胚，形成种子的过程。这粒种子就是一个“混血儿”。

你是否听说过“马铃薯番茄”和“杏桃”，人们怀着对美好事物的渴望，希望培育出既有马铃薯的丰富淀粉又有番茄的多种维生素的“马铃薯番茄”。同样道理，人们希望有一种“杏桃”，既有杏的红色，又有桃的甘甜，于是人们尝试着将马铃薯和番茄、杏和桃分别成亲，希望它们生育出“混血儿”。能否成功，这里面的学问可大了。

有关“混血儿”植物，世界上有很多成功的例子。高粱杂交草，一种新型饲料，以高粱不育系为母本，苏丹草为父本，经杂交选育获得的杂交组合，具有抗旱、耐瘠、耐盐碱、适应性强等特点，而且再生能力强，产量高，营养丰富。试验研究表明，每亩可产鲜草1万千克，每亩蛋白产量是种植玉米的4倍。目前，该草已引种到北京、内蒙古等地并作为种草还牧的优势作物推广。众所周知的水稻之父袁隆平培育出的超级杂交水稻亩产超过1 000千克。水稻是中国第一大粮食作物，中国水稻育种一直居世界领先水平。这种水稻的高产性使得中国以占世界7%的耕地，养活了占世界22%的人口。

矮牵牛的“混血儿”

若要有好的混血儿，父亲和母亲的选择很重要，不是任何植物之间都能随便成亲的。亲本选配的原则有3条：双亲优点明

非洲菊的
“混血儿”
(上、下)

显,没有突出的缺点,主要性状的优缺点能够互补,双亲的优点越多,优缺点越能互补,杂交种后代的性状表现总趋势就会越好;亲本中至少有一个为适应当地条件的品种,这样就容易培育出能避免或耐受当地多种自然灾害的品种;要选用生态类型差异大,亲缘关系较远的品种作亲本。由于它们具有较大差异的遗传基础,这样可使杂交种个体的遗传基础更为丰富,其后代就越易分离出更多变异类型甚至是超亲个体。但所有这些是在亲本双方具有一定亲缘关系的基础上进行的。亲缘关系太远,将会导致父本的花粉和母本的柱头“亲和力”不佳,柱头会形成角质突起不让花粉管进入“洞房”(子宫)内。正如马铃薯和番茄都属于茄科植物,而杏和桃同属于蔷薇科李属植物。

花粉如何成功地落到柱头上,被花粉管接受,是杂交成功的关键。杂交有天然杂交和人工杂交之分。花粉可以随风传播,也可以被昆虫携带(如蜜蜂)落到另一朵花的柱头上,这样形成的杂交称为自然杂交。而人为地将花粉涂抹到另一朵花的柱头上则是人工控制杂交。无论哪一种方式,形成的种子都是“混血儿”。

研究人员正在继续培植马铃薯和番茄的杂交系植物,以期将其培育成新的农作物。专家还披露,德国植物学家在20世纪80年代曾尝试通过杂交培育同时生长马铃薯和番茄的作物,但没有成功。这样的努力有无意义,未来的杂交研究将有望给出答案。但我们已经吃上的“杏桃”可是地地道道的杏和桃的“混血儿”。

(张冬梅)

植物的“亲子鉴定”

所谓亲子鉴定，又称为 DNA 鉴定。DNA 就是人们常说的遗传物质，通过亲子鉴定，判断亲代与子代是否具有血缘关系。

但你听说过植物的亲子鉴定吗？其实，植物跟人类一样，以自己的方式生存、繁衍后代，与人类不同之处在于人类是有主观意识地组成家庭，生育儿女，而植物繁衍后代在很大程度上是依靠其他力量。一棵植物上的花粉（雄性生殖器官）要借助气流、昆虫等的协助才能落到另一棵植物的柱头（雌性生殖器官）上，当然，也有的一朵花上既有花粉又有柱头。

美丽的鲜花可以用花蜜引诱昆虫，替自己当传送花粉的“媒人”。可是玉米、杨树、松树的花，又瘦又小，有谁来给它们当“媒人”呢？它们不能吸引昆虫，只得由风来做“媒人”了。由风来传播的花粉，又小又多。一朵花或一个花序上的花粉粒，少则数千，多则成万甚至数十万。一阵风来满天飞扬，似下雾一般。它们身小体轻，能够随风飘扬，飞得又高又远，近的几里，远的几十里、几百里。花粉飞得最高、最远的记录，是松树花粉创造的。它的花粉生有气囊，能够帮助飞行，使它可以升高几千米，翻山越岭，跨洋过海，飘出千里之外！那么花粉究竟能传播多远呢？究竟传到哪些植物上呢？如果通过“基因流”或“父本分析”的研究，也就是亲子鉴定，就可一目了然。

植物“亲子鉴定”的方法通常有两种，即直接方式和间接方式。直接方式有记录柱头花粉数目、人工模拟法、遗传标记法、父系分析法等；间接方式有化学标记法、观察传粉者活动、稀有等位基因法等。目前，最主要的方法是通过分析每一个后代（种子）的亲本来实现，通过亲本分析即亲子鉴定来估计基因流。如果知道一组子代的亲本，我们就可以分析种群遗传结构与繁育生物学方面的大量问题。亲本分析主要是通过观察和（或）采用遗传标记构建种群的谱系，植物种群中主要是分析种子或幼苗的亲本，也就是说判定种子或幼苗是由哪个成体自交或由哪两个成体杂交产生的。在自然植物种群中，分析种子的母本比较简单，通过直接观察就可以得到，因而其亲本分析主要是父系分析，它通过对已知母本的种子进行遗传标记而确定每一个子代（种子）的亲本，确切地为大多数种子鉴定出父本来源。

通过父本分析追踪基因漂流的方式很多，早期多采用跟踪花粉或种

子的运动来估计，主要采用荧光染色和放射性同位素标记技术，通过对花粉的捕获或标记以及对帮助种子扩散的动物的观察来定性地研究基因流。然而，由于限制传粉运动的因素很多，加上对标记物检测比较困难，使得这些方法不能有效地反映以花粉为媒介的基因流动水平，常会低估花粉的散布。20 世纪 80 年代以后，同工酶基因位点成为遗传标记估计基因流的有效手段。进入 20 世纪 90 年代以后，随着分子标记技术的应用，DNA 分子标记技术(有时也称为 DNA 指纹技术)的发展，为研究植物群居基因流动模式及父本分析提供了有利的工具。

研究基因流有什么意义呢？根据父本分析结果，一方面可以为天然群体的进化和演化规律提供科学依据；另一方面，可以追踪花粉的有效传播距离，为控制人工植物群体的布置和保护植物资源的生物多样性提供指导。

尽管应用在植物中的“亲子鉴定”技术已得到了飞速发展，但用于亲子鉴定的分子标记显然不能满足越来越多的需求，亲本分析将来的研究方向是发展变异性更为丰富的分子标记，并力求在亲本分析方法学上得到更大的突破。

（张冬梅）

植物的"荷尔蒙"

激素(hormone)一词起初把它音译为"荷尔蒙",20 世纪初期开始在动物学上应用。植物激素中的"激素"一词是从动物学中借用而来的。植物激素是植物体内分泌产生的一种液态物质,是植物体内合成的对植物生长发育有显著作用的几类微量有机物质,也被称为植物天然激素或植物内源激素,它们在植物体内部分器官合成后转移到其他植物器官,能影响生长和分化。激素在植物体内的分泌量很少,却对植物的生长发育、新陈代谢、生殖繁衍等生命活动有着极其重要的作用,它是植物最主要的"神经系统"。人或动物没有脑袋就不能存活,大脑有问题就会变得疯疯傻傻,同样,植物如果没有激素或者激素分泌量过多、过少,都会使其死亡或者生长不好。

最早发现的植物激素是生长素。19 世纪末,达尔文父子在研究植物的向光性时,发现对侧向光照反应最敏感的部位是幼苗尖端,但发生弯曲的部位却是下面的伸长区,如果去掉尖端或将尖端遮起来,用单侧光照射时,茎不发生向光弯曲。达尔文父子假设弯曲反应是由于一种物质从尖端向下传递。以后许多人用燕麦胚芽鞘进行试验,都证实了这种物质的存在。直到 1934 年才从燕麦胚芽鞘分离出纯的生长素结晶。生长素的化学名称叫吲哚乙酸(IAA),它是被研究最多的一种激素,也是植物体内普遍存在、生理活性最强的生长素。它能促进插枝生根、促进结实、防止器官脱落、抑制发芽等。

赤霉素是在研究水稻恶苗病时发现的。20 世纪初,日本人在水稻栽培中发现,有一些水稻苗长得特别高而且叶子出现黄化。这些稻苗感染了一种真菌的病害,这种真菌的有性世代是赤霉菌。日本科学工作者将赤霉菌培养在培养基上,然后用培养基的过滤物放在水稻幼苗上,同样可以引起幼苗的徒长,因此证明赤霉菌的分泌物中有促进植物生长的物质。1938 年,薮田和住木从赤霉菌的培养基过滤物分离得到一种物质,命名为"赤霉素 A",但赤霉素自发现以后许多年并未引起人们重视。直至 20 世纪 50 年代,英、美的科学家才对赤霉素进行系统研究,并鉴定了它的化学结构。目前,世界各国都是用培养赤霉菌的方法大量生产赤霉素,对其生理效应和农业上的应用展开了广泛的实验研究。赤霉素(GA)属于双萜化合物,其中 GA3 被发现得最早、研究得最广泛,它能促进茎的伸长生长、抽薹开花、打破休眠、促进细胞的分裂与分化等。

细胞分裂素是一类具有促进细胞分裂和其他生理功能的物质总称，是一类腺嘌呤衍生物。1955年，斯格等人在烟草愈伤组织培养中偶然地用了变质的DNA，发现这种降解的DNA中有一种促进细胞分裂的物质，它使愈伤组织加快生长。此后，从高压灭菌的DNA中分离出一种纯结晶物质，这种物质能促进细胞分裂，后被命名为激动素。1936年从未成熟玉米种子中分离得到第一种天然细胞分裂素——玉米素，直到1964年才确定了它的化学结构。

以上三种激素主要促进植物生长，而脱落酸和乙烯主要抑制植物生长。

1963年埃迪特等人在研究棉花脱落幼果时，发现其中有一种促进脱落的物质，定名为脱落素Ⅱ。与此同时，瓦瑞尹等人从秋季即将进入休眠的桦树叶中也分离出一种使芽休眠的物质，称之为休眠素。以后证明它们是同一类化合物。

乙烯是化学结构十分简单的不饱和烃，它是在温室中使用“煤炉气”时发现的，可以引起青绿的柠檬黄熟。

在五大激素之外，油菜素被认为是第六类激素。

植物激素的作用机制是这样的，植物体内的激素与细胞内某种称为激素受体的蛋白质结合后即表现出调节代谢的功能，激素受体与激素有很强的专一性和亲和力。有些受体存在于质膜上，与吲哚乙酸结合后改变质膜上质子泵活力，影响膜透性。有些受体存在于细胞质和细胞核中，与激素结合后影响DNA、RNAH和蛋白质的合成，并对特殊酶的合成起调控作用。

激素间还存在着各种相互作用。

激素间的增效作用。增效作用是指一种激素能加强另一种激素的生理效应，例如GA3与IAA共同使用可强烈促进形成层的细胞分裂。对某些苹果品种，只有同时使用才能诱导无籽果实形成。

激素间的促进作用。外源GA3能促进内源生长素的合成，因为施用的GA3可抑制组织内IAA氧化酶和过氧化物酶的活性，从而延缓IAA的分解。高浓度的外源生长素促进乙烯的生成。

激素间的配合作用。例如生长素可促进根原基的形成，细胞分裂素可诱导芽的产生。进行植物细胞和组织培养时，培养基中必须有配合适当比例的生长素和细胞分裂素才能表现出细胞的全能性，既长根又长芽，成为完整植株。

激素间的拮抗作用。激素间的拮抗作用是指某类激素的生理作用在一定程度上部分或完全抵消另一类激素的生理作用。例如植物顶端产生的生长素向下运输能控制侧芽的萌发生长，表现顶端优势，如将细胞分裂素外施与侧芽，可以克服生长素的控制，促进侧芽萌发生长；赤霉素的解除有脱落酸所引起的休眠；生长素类和乙烯使黄瓜幼苗的雌花成倍增加。

（罗玉兰）

生命禁区中的植物

根据地球上生命的发展规律，生物的生存需要有水、阳光、空气和适宜的温度，气温变化也不能太大，不具备这些条件，植物就难以存活。然而，由于科学技术的发展，人类对自然的探索愈加深入和广泛，近几十年来发现许多"生命的禁区"里也有植物，被统称为极端植物。

俄国科学院生物学与生物技术研究所的科研人员从人工授粉的玉米、小麦和草等植物种子中精选出一些进行试验，从种子中分离出胚，并将其放入含有生长激素的营养液中培养，得到由少数几个细胞组成的植物愈伤组织（即细胞团）。科研人员随后将部分愈伤组织放入新型营养液中培养，并将其置于炎热干旱、水涝、盐碱化等人工生长环境之中。为了培养能够抵抗洪涝的小麦，他们将小麦愈伤组织放到严重缺氧的环境中培养；为了培养即使在尘土很重的气候环境下也能生长的草，科研人员特地在营养液中混入了一周内足以杀死所有植物的超大剂量含铜离子溶液。在这种残酷条件下，几乎所有愈伤组织细胞都死掉了，但大约有百万分之一的细胞顽强生存下来。研究表明这些"奇迹"细胞在极端生态条件下发生了基因突变，已适应极端生存条件。再将这些经历"奇迹"的愈伤组织细胞放到普通营养液中培养，便得到了能够适应极端生存条件的植物。

对这些植物所结种子进行的三代种植试验表明，其子代植物也能够适应极端生存条件。科研人员认为，利用这种禾本植物细胞工程技术方法培育出可以在炎热干旱、水涝和盐碱化等极端生态条件下生存的小麦、玉米等植物，大大提高了植物的生存能力，使农作物保持很高的产量。

阳光、空气、食物，是生命存活的最基本要素，也是人们对地球生命的基本认识。但果真如此吗？其实，地球上的生命远比我们认识的要复杂得多，它们可以在没有阳光、空气，甚至在我们无法想像的条件下生存。

北极的植物虽然无法与温热带的植物相提并论，但是与南极相比，这里却是一个相对丰富多彩的世界。首先吸引我们的是在北极匍匐生长着的一种低矮柳树。据专家介绍，中低纬度的柳树属于乔木，开花季节在春季，而北极这种柳树在夏季六月中旬以后才开

花，由于极昼时这里也很寒冷，它必须在40至70天左右的时间里完成它的发芽、开花和结果，同时由于极夜时没有阳光，植物不能进行光合作用，所以它的生长极其缓慢，一年中只能生长几个毫米。中科院植物研究所武素功说："这是一种小灌木，而且是趴在地下的，一片可能就是一株，这样才能适应寒冷、风大地区的自然条件。"

在位于北纬78度的斯瓦尔巴德群岛，不仅有这种北极柳树，放眼看过去都是一些低矮的植物，因为这一带都是永久性的冻土层，只有地表每年夏天才能融化薄薄的一层，即使到了夏季这里的温度平均也只有5到8摄氏度，而且风很大，所以绝大多数植物都是草本植物，须根发达，植株矮小，呈垫状或莲座状，以抵抗冬季的强风和严寒。另外，这些植物相互交织，芽就在由植株形成的一个保护圈生出，而且周围有很多苔藓保护芽发出来不受冻害。不光是柳树，周围几乎所有植物都是垫状低矮的，这和它生长的自然条件有关系。

在北极最常见的植物是苔藓，灌木和草本植物的根茎以及嫩芽都隐藏在这一层中，可以得到很好的保护，而分布最广的则是矮小纤细的小草，在冻土之上形成薄薄的"绿色绒毯"，漫步在夏天的北极苔原上可以领略到难得的风光，尽管只是一小丛、一小丛，可是在风中不少鲜花依然绽放它独有的美丽。有种植物在当地俗称"雪绒花"，也就是北极棉花，白白的绒球是种子长出的毛，与很多北极植物一样借助风力进行种子散布；有种花叫做虎耳草，在十几厘米的纤细花茎上，一朵朵紫红色的小花使得单调的苔原生动起来；还有北极特有的植物——仙女木和北极罂粟，相对来说它们是北极地区花瓣最大、最美丽的花。

植物的足迹遍布地球的大部地区，哪怕是在那些对于生命来说严酷至极的环境中，都有植物在顽强地生存。它们和动物一样彼此争斗，抢夺配偶，侵占新的领地，但是我们却很少意识到这些精彩戏剧的存在。其原因也许是植物的外表太过平静，也许在于我们和植物生活在不同的时间关系之中。

极端条件下生命的发现，证明了生命具有不屈不挠的创造力，这也使得科学家更有理由期待在地球以外寻找生命的痕迹。尽管他们目前还没有在地球以外寻找到具有高级智慧的生命，联想到其他星球的条件与地球的极端条件相似，有理由相信这些星球至少也存在有简单的生命。

（罗玉兰）

第三代浆果之星——果桑

果桑是桑树的一种，据资料记载，桑树全身都是宝：叶可养蚕；饲蚕后的桑枝，可生产实用菌；桑椹还可入药。2 000 多年前，桑椹已是中国皇帝御用的补品。桑椹历来具有食用及中药材之用，很早就被作为水果和中药材应用。无论是传统医学还是现代医学都视桑椹为防病保健之佳品。1993 年卫生部把桑椹列为"既是食品又是药品"的农产品之一。桑椹具有营养丰富、防病治病和延缓衰老等功能特点，在食品和药品上的应用极为广泛。

传统的桑树品种是以采叶养蚕为目的培育而成，不结果或果子很少且小。为了提高桑果的食用性和商品价值，科研人员以产果为主要目的在桑树中进行了选育。经过我国科研人员十几年的选育种，已开发出具有不同用途的系列果桑品种，推广的鲜食品种有无核大十、糖十等，这些品种具有果大、汁多、无籽、早熟等特点，第三年每亩可产鲜果 1 000～1 500 千克；鲜食和果汁加工兼用品种有"红果 2 号"，亩产鲜果 1 500～2 000 千克；适宜果汁加工的高产品种有"红果 1 号"，亩产2 000 千克；特大果型品种有"红果 3 号"和"白玉王"(白果)，单果重 4～6 克。果桑成熟在 5 月上旬，一般每亩栽植 300～600 株，栽后第二年挂果，第三年便可进入丰产期。

桑果含有丰富的果糖，有人体必需的 16 种氨基酸、维生素(其中尤以维生素 C 的含量特高)，以及果酸、果胶、天然色素等多种营养物质，属于亟待开发推广的新颖果品。

桑果的营养成分十分丰富，据测定桑椹富含蛋白质、多种人体必需的氨基酸、很容易被人体吸收的果糖和葡萄糖；含有 VB_1、VB_2、VB_3、VB_5、VB_6、VC、VE 等多种维生素及 Fe、Ca、Zn 等矿物元素，硒等微量元素及胡萝卜素、纤维素等。此外，还含有活性多糖、黄酮类物质和芦丁等药理成分。

桑果作为鲜食，酸甜可口，生津止渴；除鲜食外，还可制作桑椹罐头、桑椹酒、桑椹膏、桑椹果冻、桑椹果汁饮料、桑椹酸乳、桑椹果酱，提取桑椹红色素等。

近代科学研究表明，桑果具有很高的药用

功能。味甘、性寒，具有生津止渴、滋阴补血、补肝益肾、固精安胎、乌须黑发、聪耳明目、延缓衰老、安神养心、润肠通便、健步履、息虚风、清虚火、利关节、去风湿、解酒等功效。医药上常用于治疗糖尿病、肝肾阴虚阳亢之头晕目眩、失眠耳鸣、津液不足、风湿、便秘、身体虚弱、须发早白、神经衰弱等症状。此外，现代医学已经开始研究并重点关注桑椹的6种防病保健功能，即防癌抗诱变、增强免疫力、保肾护肝、驻颜抗衰老、促进造血细胞生长、降低血糖血脂。特别是桑果中含有一种叫白藜芦醇(RES)的物质，能刺激人体内某些基因抑制癌细胞生长，并能阻止血液细胞中栓塞的形成。另外，桑椹还可以阻止致癌物质引起的细胞突变。

桑椹具有多种活性成分，具有调整机体免疫功能，促进造血细胞生长、降糖、降脂、降血压、护肝、抗艾滋病等作用，在临床上应用很广，尤其是对中老年病和延缓衰老有重要意义。有关桑椹果汁延缓衰老的实验表明，机体衰老与氧自由基引发的脂质过氧化作用密切相关。桑果汁能有效清除自由基，抗脂质过氧化，这可能与桑果汁含有丰富的天然抗氧化成分维生素C、β-胡萝卜素、硒、黄酮等有关。桑果汁可通过改善免疫机能而起到抗氧化、延缓衰老及润肤美容的功效。长期服用有利于身体健康，延年益寿。所以果桑又不失为一种有益的保健果品。

果桑是近些年来才开发出的专用品种，属于我国第三代新颖果品之一，桑果在春季水果淡季时成熟，正是其他果品上市淡季，因而市场上桑果一直热销，价格也比较高。作为鲜食果品，其保鲜期和货架期太短，在常温下只能保鲜一天，这在一定程度上制约了鲜食果桑的发展速度和规模。

桑树在我国分布很广，北至黑龙江，西至新疆，南至广东、广西都有桑树的分布，它是一种喜光的树种，根系极为发达，有极强的保持水土和抗风沙能力。桑树非常耐干旱，即使在降水量少于350毫米的干旱半干旱地区仍能正常自然生长。桑树的抗寒性也非常强，可以耐－30℃的低温。桑树的生长速度非常快，胸径的年生长量在4厘米左右。桑树的生命力极其旺盛，零下30℃的低温和40℃的高温都能生长。土壤pH值4.5～8.5、含盐量在0.2%时，均可生长。一般桑树喜欢潮湿肥沃的土壤，但是在微酸、中性、微碱及钙质土壤里也都能生长，对土壤的适应性很强，繁殖也非常容易。

（夏　琼）

独木成林

俗话说:“单丝不成线,独木不成林。”然而,在我国南方、印度以及孟加拉等热带和亚热带地域,却出现了许多“独木成林”的奇特景观。

“独木成林”也就是说这片林是由一棵树形成的,在这片林立的树干中,只有一根是真正的树干,树冠由它的各级枝叶形成,其余的“树干”都是辅助支撑整个植株的支柱根。能够形成如此奇特壮观的植物叫榕树,榕树在植物分类上属桑科榕属,这是一个庞大的家族,全世界约有900多种,我国有120多种。

榕树为什么能独木成林呢?这跟它的生活环境有关。榕树生长在高温多雨的热带、亚热带地区,枝叶繁茂,终年常绿,生长非常旺盛。一棵树的树干对树冠的承载能力总有一定的限度,因此,树冠不能无限地向外伸展,否则即使树干一时还能承受,侧枝也会很快折断,何况根系吸收水分也有限度,不能无限地供应枝叶水分,使其不断地生长。然而,榕树却不受上述限制,不断地扩展自己的树冠。这是什么原因呢?原来,榕树有个与众不同的习性,在它的树干、枝条上会往下生长出像胡须一样的气生根。这些气生根有的悬挂在半空,从空气中吸收水分滋养全身,有的插入土中,就像一根柱子,支持着上面的枝条,人们也叫它支柱根。支柱根既可以支撑着巨大的树冠,又可以从土壤中吸收养分和水分,满足繁茂的枝叶生长的需要。随着气生根的数量不断增多,以及气生根的不断变壮,为树冠向四周的延伸提供了必要的条件,就这样,无数的气生根连同母树一起繁衍不息,树冠也

榕树

越来越大，古老的榕树就形成了一片壮丽的树林。

“独木成林”的景观，早在公元前 3 世纪就有记载。欧洲植物学之父、古希腊伟大的自然科学家乔奥拉斯特曾经做过这样的描写：在印度生长的榕树，直径通常是 10～12 米。这种树竟能从自己的枝桠，不是从嫩枝上，而是从去年的甚至更老的枝桠上长出根来。这些根一直延伸到地里去，在树干的周围好像构筑了一道栅栏，里面经常住着人，这种树的树顶绿叶茂密；整株树圆滚滚的，非常巨大，绕着树干走一圈有时候要走 60 步。

在广东省新会县有一个著名的“鸟的天堂”，因为这里有一片茂密的“森林”，占地 10 多亩，栖息着许多的鸟儿。然而这片森林就是由一株榕树生长而成的。这株巨榕至少也有 300 多年的历史了，树身周围许多粗细不等的树干纵横交错，共同支撑着巨大的树冠，苍苍莽莽，浓荫蔽日，谁也分不清哪是主干哪是支干了。

云南省德宏傣族景颇族自治州盈江县铜壁关老刀弄寨有一棵被当地群众称为“榕树王”的榕树，其树身要三四十人才能合抱，树冠覆盖面积达 5.5 亩，母树主干长出的新树干达 108 根，呈现“独木成林”奇观。据考证，这株大榕树也已有近 300 年树龄。

在我国的南方各省，榕树随处可见。福建省首府福州市以满城榕树而著称，故福州亦别称“榕城”。广州街头，榕树成荫。广东顺德县桂洲乡有一座榕树桥，相传在 200 多年前，人们在河边种了一棵小叶榕树，把气根攀援在毛竹上，穿引、延伸到对岸。随着时光的流逝，气根不断长粗，缠住石柱和石墩，形成一座天然的风景桥。

在我国北方各省，很难欣赏到参天的榕树，但从南方引入的榕树盆景中，榕树的气生根是照常产生的。如果有人种养一盆榕树，注意让气生根生长好，调整好整株榕树的造型，经过数年的精心养护，也许就会长成一个微型的独木成林的景观呢。你是不是也想去尝试一下呢？

（朱红霞）

盐碱地中的植物

在盐碱地上，常常会出现一层白色的盐霜。当土壤中氯化钠、硫酸钠含量较多时，称为盐土；当土壤中碳酸钠、碳酸氢钠较多时，称为碱土。实际上，很多地区的土壤中往往同时含有上述几种盐，故称为盐碱土。植物的耐盐性一般都很低，如果土壤中含盐浓度达 0.05% 以上，许多植物就无法生存，盐碱土地区的人们有一段顺口溜："碱地白花花，一年种几茬，小苗没多少，秋后不收啥。"可是，有些植物却具有较强的抗盐能力，能在盐渍土上顽强地生长，人们称之为盐生植物。

盐生植物为什么不怕盐碱呢？原来，盐生植物具有各种抗盐的方式和巧妙的防盐本领，真犹如"八仙过海"，各显其能。

柽柳是盐碱地上时常见到的一种盐生植物，它是一种乔木，树皮红褐色，叶子呈鳞形生在纤细的小枝上，微风吹来，一丛丛柽柳飞红挂绿，别有一番景色。当我们走近柽柳时，就会发现它的茎和叶上，冒出了一粒粒白色的结晶，如果尝一尝，马上会感到又咸又苦，这是怎么回事呢？原来，柽柳的根在从盐碱土中吸水时，能够吸收大量的盐碱，但体内并不积累，这些盐碱由水带着，通过茎、叶表皮排到茎和叶的表面，水很快蒸发了，而盐碱却留在茎、叶表面，形成了一粒粒白色的结晶。

石刁柏

胡杨也是一种盐生植物，常和柽柳混生在一起，它也能从土壤中吸收盐碱，然后又从树皮裂口处排出体外，形成黏稠的液体，人们将这黏稠的液体叫作"胡杨泪"。"胡杨泪"里含有小苏打、食盐等成分。当地人还常常用它来发面蒸馒头呢！胡杨和柽柳能像人出汗一样，把盐分排出体外，人们称之为排盐植物。

碱蓬

盐角草是世界上最耐盐碱的植物，它全株绿色，叶子极小，身体肉质多汁。盐角草也从盐碱地里吸收大量的盐碱，但并不像柽柳、胡杨那样排出体外，而是永远贮存在身体里。在盐角草茎中的细胞内有叫盐泡的结构，盐碱都存到盐泡里了。盐角草靠着一个个小盐泡，就能从盐碱地里吸收水分，不但如此，由于盐碱都被圈在盐泡中，再也无法毒害盐角草了。盐角草因为有这种本领，能在含盐量高达 0.5%～6.5%的盐碱地上生长。像盐角草这样的耐盐植物，称为聚盐植物。

艾蒿是一种很有名的中药，针灸用的艾卷，就是用艾蒿叶制成的。它也是一种盐生植物，为什么艾蒿能生长在盐碱地上呢？原来它具有“拒绝”吸收盐分的奇特本领。一方面在根部细胞中积累大量可溶性碳水化合物，以提高渗透压，使根细胞有很强的吸水能力；另一方面，它的细胞膜对某些盐分的透性很小，犹如一道天然屏障，把盐分拒之体外。艾蒿既能从盐碱地里吸水，又不让盐碱进入身体中，这样它就能很自在地生活在盐碱地上。像艾蒿这样拒盐碱于植物体外的植物，称为拒盐植物。

短尾灯心草是一种多年生的草，长有一条细长直立的茎，茎的基部生出一丛长长的叶，很是别致。它既不排盐，也不聚盐和拒盐，而是用脱落老叶的方法，来排出盐分。短尾灯心草在盐碱地中吸水时，也吸进了很多盐，它把盐碱聚在叶内，等到老叶充满盐分时，就提前干缩脱落，然后，幼叶又来接替老叶的位置，这样就能不停地往外排盐。

由此看来，各种盐生植物抵抗盐碱的方法是多种多样的。盐生植物抵抗盐碱的本领，决不是在一两代中形成的，而是它们世世代代生长在盐碱地上，同盐碱长期斗争逐渐形成的。

我国的 400 多种盐生植物既具有很高的耐盐能力，又具有各种各样的经济用途。有的可以作为食品的原料，例如金合欢属的种子，含有丰富的蛋白质和碳水化合物，是做面包的上等原料；藜科碱蓬的种子是一种优质的食用原料；甘草、天门冬是制造甜味剂的原料等。有的盐生植物含有丰富的蛋白质可以作为饲料，如猪毛菜、披碱草、芨芨草、滨藜、獐毛、碱茅、地肤、骆驼刺等。盐生植物中大约有100多种含有药物成分，可以作为医药原料，例如枸杞、补血草、甘草、罗布麻、白刺、鹅绒萎陵菜、柽柳、海桑、滨海前胡、沙滩黄芩、盐生车前等。一些盐生植物可以作为纤维原料，例如芨芨草的茎皮纤维含43%，是很好的纤维植物；

梭梭

罗布麻的纤维十分耐腐蚀，可以做海底电缆的包皮；芦苇含纤维50%左右，是造纸的优良原料，除此之外，还有白茅、灯心草、大叶白麻、柽柳、田菁、黄堇等，也可做纤维的原料。有些盐生植物还具有很好的观赏价值，是上等的观赏植物，如沙枣，叶片上有一些白色鳞片，十分美丽，很适于做盐碱地区的行道树，沙枣的花也很漂亮，而且十分芳香，是一种蜜源植物。除此，还有一些盐生植物也可以作为观赏植物，例如碱菀、凤毛菊、马兰、马蔺、柽柳等。再如补血草属植物，植株和花都很美丽，而且花枯萎后也不落下，是一种良好的干花材料。

各种各样的盐生植物凭着自身抗盐碱的特殊本领，在盐碱地上世代繁衍，把白花花的盐碱地装饰成一个五彩缤纷的大花园。

（朱红霞）

古树名木的昨天、今天和明天

古树名木是指“古树”和“名木”两部分。根据树种的不同，一般将树龄在100年以上的树木定为“古树”，树种稀有名贵或具有历史价值和特殊纪念意义的树木定为“名木”。古树名木是大自然留给人类的宝贵财富，是漫长历史长河中沧桑变迁和世事浮沉的见证人，是研究自然地理、气候、历史、林木遗传繁育以及社会经济发展的“活资料”、“活化石”、“活文物”，是失而不可复得的林木资源中的瑰宝，是一部活的史书，还是濒危物种的基因库。据调查，全国各地现存古树绝大多数是珍贵稀有树种，是一笔极其宝贵的自然遗产，也是一个内容极其丰富的科研宝库。

由于历尽沧桑，有些古树年老体衰，加上环境变化，风吹雨打雷劈、病虫害危害等自然因素影响，有的已经死亡。更有甚者，由于部分群众缺乏保护意识，经常乱刻乱划古树名木，攀树折枝，少数不法分子为牟取暴利滥砍盗伐、买卖古树名木，一些城乡建设工程遇到古树名木不思避让，蓄意砍伐移植等，更是让古树名木的处境“雪上加霜”。

潭柘寺的帝王树

据悉，截至2001年底，上海的古树名木有银杏、香樟、广玉兰等73种共1 451株，平均一万人才拥有一株古树名木，而树龄在300年以上的古树只有211株。在这些树木中，“衰弱”和“病危”的分别占23%和8%。为使古树资源不致断了“香火”，从2003年开始，沪上专家对树龄超过80年的准古树开展了普查，结果觅得“准古树”近600株。

北京是一座举世闻名的文化古都，人文荟萃，有着丰富的文物古迹。这其中有很多“活的文物”，那就是遍布京城的苍老遒劲、嵯峨挺拔的古树名木。北京有百年以上的二级保护古树4万多棵，300年以上的一级保护古树近万棵。北京是我国，也是世界上古树名木最多的城市。

在北京的古树中，古柏占绝大多数。最著名的古柏有中山公园的7棵“辽柏”(其中1棵是“槐柏合抱”)、天坛的“九龙柏”、孔庙的“除奸柏”、故宫御花园的“连理柏”、中南海静谷的“人字柏”、

未名湖古桑

颐和园的"介字柏"、西山樱桃沟的"石上柏"、潭柘寺方丈院的两棵"千年柏"、密云新城子的唐代"九楼十八杈古柏"等。北京的名松更多,故有"天下名松集北京"之说。像北海团城上的金代油松"遮荫侯"、白皮松"白袍将军",戒台寺的五大名松:"九龙松"、"活动松"、"抱塔松"、"卧龙松"、"自在松",香山的两棵"听法松"、大觉寺的"抱塔松"、昌平黑山寨乡延寿寺遗址的"盘龙松"、红螺寺的"紫藤寄松"等。

因我国古代高僧们用银杏树来代替佛门圣树"菩提树",所以古银杏大多都分布在寺庙中。北京千年以上的著名古银杏有潭柘寺的唐代银杏"帝王树"、辽代银杏"配王树"、西峰寺的宋代银杏"银杏王"、大觉寺的辽代"银杏王"、居庸关外四桥子村石佛寺遗址的唐代银杏"关沟大神木"、红螺寺的两棵唐代雌雄银杏、密云县巨各庄乡塘子小学的唐代"香岩寺银杏"等。另外,像金山寺、卧佛寺、五塔寺、大悲寺、灵福寺等处,都有著名的古银杏。

古槐和古枣树是京城的另一大特色,所以一提起古都风貌,人们总是说起"古槐、紫藤、四合院"。北京的名槐有北海画舫斋古柯庭的"唐槐"、国子监的"吉祥槐"、故宫武英殿断虹桥旁的"紫禁十八槐"、西山曹雪芹故居的"歪脖槐"等。很多古枣树还和名人有关,像文天祥祠、于谦祠、鲁迅故居、老舍故居等处,都有著名的古枣树。西单民族大世界商场内的"京都古枣第一株",和曹雪芹、李大钊等很多名人有关。

我国是历史悠久的文明古国,在优秀的中华文明中,蕴含着丰厚的生态文明和森林文化。广袤的中华大地,孕育了多姿多彩的森林,保存了闻名于世的珍、奇、名、古树木。它们是我国林木资源中的珍品,是宝贵的自然历史遗产,又是中华文化的一个重要组成部分。我国历史上保存下来的名木古树数量之多,种类之繁,与人文关系之密切,世所罕见。我国还有很多古老树木,散生在庙宇、祠堂内外、村寨附近,被村民百姓奉为"风水树"、"祖宗树"等等。古树与宗教、民俗文化融为一体,得到一代又一代人的爱护,形成了良好的民风。古往今来,文人名士有很多吟叹赞颂树木的诗词、碑刻流传下来,诗为树吟,树为诗传,影响久远。众多名木古树的存在,深刻地反映了我国森林文化的特色和中华民族悠久的历史文化传统。

参天古树

珍稀奇特的树木和古树名木，有着久远的历史渊源和丰富的科学内涵，具有珍贵的科学历史文化价值。我国特有的银杏，一亿多年前曾遍布世界，由于第四纪冰川的浩劫，使银杏家族中众多成员都变成了化石，惟独在我国的银杏幸存下来，被誉为研究生物进化的"活标本"。20世纪四五十年代被世界认为久已灭绝的水杉、银杉相继在我国发现，被誉为植物界的"活化石"，震动了世界植物学界。在这些亘古孑遗、珍贵稀有的古老树种身上，记录了山川、气候等生态因子巨变和生物演替的信息，对研究世界植物区系的发生发展和古生物、古气候、古地理、古地质等，都具有重要的意义。

被誉为"绿色古董"的古树名木是自然界留给我们的一笔不可再生的宝贵财富，减少古树名木遭受的破坏，就是保护地方的历史文化遗产，给古树名木"呵护"，切实保证古树名木有个良好舒适的生长环境已刻不容缓，我们在种植小树绿化荒山的同时，更要保护好古树名木，留住已有的财富，造福子孙后代，相信古树名木一定会有一个美好的明天。

（朱　清）

新鲜植物为何维生素 C 含量高

在众多植物中含有维生素 C 成分的不少，它被称为抗坏血酸，是人类生存中必需的一类微量营养物质，严重缺乏会形成坏血病，甚至危及生命。在 16 世纪和 17 世纪，对于海上长时间航行的海员，坏血病仍然是一种可怕的威胁。以后曾发现并记述下了用松针或柑橘类的水果熬的汤来医治坏血病，因此，当时的英国舰队内科医生詹姆斯·林德(James Lind)赢得了很大的荣誉。

大多数动物能在体内合成抗坏血酸，但人类不能，要依靠外源性的维生素 C。维生素 C 缺乏引起的坏血病，以多处出血为特征。早期会出现疲倦、虚弱、急躁，体重减轻，齿龈出血，龈炎以及牙齿松动等；随后是皮下微细出血，严重时可能有结膜、视网膜或长骨的骨膜下出血。

抗坏血酸以很高的浓度广泛地存在于大量水果和绿色蔬菜中。在水果中维生素 C 含量比较丰富的有猕猴桃、刺梨、鲜枣以及柑橘、苹果等果实；以每百克果肉计，维生素 C 含量可达几十至几百毫克，最高可达1 000 多毫克。以猕猴桃为例，一个人一天食用一枚，即可基本满足人们对维生素 C 的需要量。而新鲜蔬菜中，如马铃薯、卷心菜、甘蓝菜、胡萝卜、菠菜、西红柿等都有数十毫克至上百毫克的维生素 C 含量。

那么，在植物中的维生素 C 是如何形成的呢？

科学家认为，在植物中维生素 C 的积累是一个渐进的过程，也是一个自然增长的过程，在幼苗期维生素 C 含量较低，随着植物的不断成长，维生素 C 进入一个快速增长的时期，在接近成熟时，维生素 C 的含量相对处于稳定状态，不再有大的变化，植物过度成熟或进入衰老期时，维生素 C 的含量又开始下降。植物中维生素 C 的积累也与外界的环境条件有很大的关系。植物在自然适宜的环境条件下生长，维生素 C 的含量相

西红柿

猕猴桃

对较高,而在气候恶劣,环境条件较差的情况下,植物中的维生素C含量就会大量减少。如在山区半山腰自然林中天然生长的野生猕猴桃,其猕猴桃果实的维生素C的含量达到每百克果肉中含数百毫克至上千毫克,而在沿海或平原地区人工栽培的猕猴桃,其果肉中维生素C的含量只有几十毫克至上百毫克。植物的生长有它的客观规律,而维生素C的形成和积累也同样有它的客观规律。在现在的市场经济条件下,我们所看到的很多水果、蔬菜,都是在人工控制条件下的人工气候室中生长出来的反季节食品。这些水果、蔬菜相对来说比较鲜嫩,但是它们的营养成分以及维生素C的含量,与在自然环境条件中生长出来的水果、蔬菜相比还是会有一些欠缺。因而市场上普遍存在的最受消费者欢迎的还是时令水果、时令蔬菜,这一现象也就不足为怪了。

植物中维生素C的积累是一个渐进的过程,而它的代谢也自有其客观的规律。维生素C主要存在于新鲜的植物材料中,在干制的植物材料中,维生素C的含量几乎为零。如新鲜蔬菜中的白菜、青菜、鲜毛豆等都含有较丰富的维生素C,而加工成了干菜、咸菜或干豆以后,维生素C就荡然无存了。在水果中也同样如此,如新鲜的酸枣每百克鲜果肉中维生素C的含量达到830～1 170毫克,而在加工成酸枣干以后,维生素C也就完全消失了。实际上新鲜植物是一个完整的生命体,在作为蔬菜、水果被收获以后,它们的生命仍在继续之中,呼吸、新陈代谢、氧化还原反应随时随地都在进行。维生素C是一个不十分稳定的物质,在遇热、遇光、遇碱性的条件下很容易被氧化。所以人类如何科学地利用植物材料中的新鲜水果、蔬菜的问题,也是我们必须重视的,它其实不光是一个维生素C的问题。人类在利用大自然给我们提供的这些美味食物时,既要注意保证它们的新鲜,及时利用,也不要过度加工,这才是我们的最佳选择。

(周汉其)

蓝色月季真的有吗

蓝色花是人们所惊叹的好花，它总是出现在草本类群中。据统计，全世界蓝色花植物的种数为25 000至30 000种，大约占地球上热带和温带地区所有被子植物种数的10%，如果忽略零星出现在个别科属的种，它们相对集中地分布在53科的372属中，约占被子植物总科数的16%。蓝色花植物的花色素具有独特的化学结构，化学家对它们进行了深入研究，从而形成了花色学领域中有关蓝色花植物花色素着色机制的研究热潮，这种热潮在解决花色学理论问题的同时也引导并推动了蓝色花植物分子生物学育种和蓝色花植物进化等学科的发展。

丰富月季的花色一直以来都是育种家孜孜不倦追求的目标。人们试图培育白色、黄色、蓝紫色、表里双色(花瓣正反面不同色)、混色(变色、镶边色、斑纹嵌合色)等新品种，特别是白色纯正、黄色不褪色、红色不黑边的新品种。人们还试图培育真正蓝色、黑色以及绿色等珍奇品种。传统的杂交育种培育了大量观赏植物的新品种，但在自然条件下植物变异的频率比人类需求小得多，且在改变某一性状的目标育种中，难免伴随着其他性状的改变。人工诱变虽然可以提高诱变频率，但盲目性比较大。与传统育种方法相比，基因工程技术育种则具有独特的优势，它可以定向修饰花卉的特定目标性状而不丧失原有其他性状，通过抑制或导入外源花色素基因可使花卉的颜色向人们预期的颜色转化。

产生蓝色花应当具备以下条件：①飞燕草色素衍生而来的花色苷的积累。②作为助色素的黄酮醇或黄酮糖苷的积累。决定花颜色的主要色素是类黄酮、类胡萝卜素及甜菜色素。这些色素通常是分子量不足300道尔顿的次生代谢产物，存在于细胞液中。其中，类黄酮色素中的花色素苷主要积累在花瓣表皮细胞的液泡内，控制花的粉红色、红色、紫罗兰色及蓝色等颜色变化。它是花和果实的主要色素，其含量的增高或降低都可能改变花的颜色。③较高的液泡pH值(>50)。一般，随着花色苷分子B环羟化程度、液泡pH和助色素含量的升高，花色更加偏蓝。进一步的花色素修饰，如酰化作用、甲基化作用和糖苷化作用，对形成蓝色花也有重要意义。

蓝色花卉分子育种的主要途径有以下几种：

1. 向非蓝色花植物中引入编码F3′5′H或调节其活性的基因。飞燕草

各色月季

色素糖苷是由柑橘素→二氢山萘酚→二氢杨梅黄酮→飞燕草色素-3-葡糖苷逐步合成的。F3′5′H被认为是合成飞燕草色素糖苷的关键酶，人们预见将其引入缺乏该酶的植物中，可以通过改变花色苷的成分而产生蓝色或紫色的花。

2. 反义抑制或共抑制某些基因使花色向蓝色转变。反向或正向转入植物中已有的基因而抑制该基因的表达(即基因的反义抑制或共抑制)，从而改变花色。反义抑制的转基因植株整个花冠的颜色统一、均匀地浅于对照的野生型；而共抑制的转基因植株花冠筒部的颜色较端部的颜色浅，整个花冠形成有色与白色的鲜明对比。

3. 升高液泡pH值。如果用反义RNA技术或共抑制技术，使植物花中的基因受到抑制，从而使花瓣中pH值增加到足够高，将为培育蓝色花卉带来更大的希望。

但是月季花中真正的蓝色和黑色花是不存在的。自然界中真正的黑色花并不存在，因此所谓的黑色月季，它的育种只能是在红色或紫色的基础上逐渐加深，使其呈现一层黑色而已。目前，采用传统方法不能培育出蓝色月季，但是通过基因工程技术则有可能突破这一难关。国外在花色基因工程研究方面已取得骄人的成绩，基本揭示了控制花瓣色彩中各种色素的生命合成过程，并分离出矮牵牛、金鱼草、香石竹等花色素合成的一些关键基因。相信随着花色基因工程研究的不断深入，蓝色月季的出现指日可待。

（罗玉兰）

保护植物中的熊猫——濒危植物的基因库

1992 年，我国伟人邓小平南巡视察深圳罗湖植物园时曾说："有一种古代树种叫水杉，现在全国都有了，有一棵很大的在三峡附近。"这棵树就是被誉为"天下第一杉"的湖北省利川原生古杉树。这棵水杉母树树龄达 500 年的"天下第一杉"巍然屹立，树高 35 米，胸径 2.5 米，冠幅 22 米。作为世界珍稀植物，水杉在世界其他国家和地区早已灭绝，它在植物学、古植物学等研究方面具有十分重要的意义，被公认为是"植物活化石"。但大家可能不知道，水杉也一度是濒危植物。在濒危物种中，大家对濒危动物，比如大熊猫等国家一级保护动物，可能了解得多一些，而对濒危植物的了解就少得多了。水杉原来在地质时期的中生代白垩纪曾经广布北半球，由于受第四纪冰川期的影响几近灭绝，仅在中国湖北、四川和湖南交界地区残留少量至今。

红豆杉又称紫杉，也称赤柏松，属浅根植物，其主根不明显、侧根发达，是世界上公认的濒临灭绝的天然珍稀抗癌植物，也是第四纪冰川遗留下来的古老树种，在地球上已有 250 万年的历史。由于在自然条件下红豆杉生长速度缓慢、再生能力差，所以很长时间以来，世界范围内还没有形成大规模的红豆杉原料林基地。

据统计，长江上游三峡库区陆生植物资源丰富，现有植物 3 000 多种，其中水杉、桫椤、珙桐、红豆杉等国家一、二、三级重点保护植物 51 种，占全国总数 388 种的 13.14%；疏花水柏枝、荷叶铁线蕨、中华蚊母、川鄂新樟、武隆县细辛、裸芸香等特有植物 500 多种，其中兰科植物 90 多种；古树 135 种 4 394 棵，主要有银杏、楠木、红豆杉、黄桷树、飞蛾槭、黄连木、皂荚、桂花、香樟、三尖杉、锥栗等，其中 17.5%属国家重点保护植物。伟大的三峡工程利国利民，但任何事物都要一分为二，由于三峡工程的实施，相当数量的珍稀濒危植物受到淹没的威胁，丰都县车前、疏花水柏枝、中华蚊母、瓶兰花等将全部淹

水杉

没，武隆县细辛、巴东县木莲、延龄草、八角莲、岩白菜、裸芸香、宜昌黄杨等植物也将消失，仅万州区在三四期水位将损失野生植物 8 400 余株，其中，国家二级濒危植物将淹没 7 000 余株。

那么，怎样来保留和延续这些濒危植物呢？建立植物基因库是世界各国植物家的共识，建立植物的天然王国——基因库，使植物不受外界环境的影响，持续稳定地生存下来，保证植物特别是珍稀优良的植物一代一代遗传下去，这样也就保护了植物资源的生物多样性。建立国家级植物基因资源和濒危植物品种库，保存农作物品种；建立自然保护区和建立多种植物园、百草园等，这是人类活的基因库。

随着现代科学的发展，科学家已经将世界上大部分植物特别是濒危植物有用的基因收集起来，贮存在一个“仓库”中，这个仓库就称之为“基因库”，通俗的名称叫“种质库”。用以保存种质资源，库内有先进的保温隔湿的结构和空调仪器，常年保持着低温干燥环境，减缓种子新陈代谢，延长种子寿命，使种子在几年甚至近百年仍不丧失原有的遗传性和发芽能力。实际上，单个的基因——DNA 片段很不便于分离和贮存。基因库中收藏的品种乃是完好的 DNA 组合——农作物种子或者组织细胞，把农作物品种的基因组成搞清楚，并绘制成基因图贮存在电脑里，需要应用这种特殊基因时，只要提取相应的种质材料进行遗传分离就可以了。有了这个基因库，科学家索取任何育种材料都会得心应手，可以直接应用于杂交育种工作，培育所需的有用的新品种或新物种。

美国在 20 世纪 80 年代建于科罗拉多州科林斯堡的种质库是世界上最大的种质库，收藏种质 20 多万份。设置于北京的中国农业科学院国家种质库，收藏种质 7 万多份。种质库为研究农作物的起源和进化、培育农作物新品种奠定了丰富的物质基础。

据了解，中科院和中国各级地方政府已决定投资至少三亿元用于收集珍稀植物，重点建设四大植物基因库。正在建设的最大植物基因库位于西双版纳，该基因库计划保存 8 000 到 10 000 种珍稀植物活体。此外，中科院武汉、广州及北京植物园也都是重点建设项目。北京将主要收集与防止沙尘暴有关的植物和温带草本植物。中科院已开始将下属 12 个植物园与全国植物园联手共同挽救珍稀植物，计划将本土植物的四分之三保存在新建的植物基因库里。

现在，小平同志已离我们而去，他所关心的那棵参天大树依然巍然耸立，我们要牢记伟人的叮嘱，也要意识到保护植物就是保护人类自己！

（钱秀苇）

沙漠勇士——胡杨

20世纪90年代，一支征服塔克拉玛干沙漠的中英探险队在一次穿越时，发现了长达40千米的原始胡杨树林。在茫茫荒漠风沙袭击、极端干旱贫瘠、严重盐碱与严寒酷暑等恶劣环境下，为何唯有胡杨能够不畏险恶，独具风采呢？这与它独特的生长特点和习性是分不开的。

胡杨，又名胡桐、梧桐，为杨柳科落叶乔木，高可达15米甚至30米，寿命最长为200多年，因叶形多变异，所以又叫"异叶杨"。幼年时，它的叶片狭长似柳；成年后，下面的叶片呈披针形或线状披针形，全缘或疏生疏齿；中上部的叶呈卵形、扁卵形、肾形，具缺刻。叶色灰色或淡绿色。分布于我国新疆南部、青海柴达木盆地西部、甘肃河西走廊、内蒙古河套等地区。胡杨是一种古老的树种，已有6 500万年的历史。1935年，在我国新疆库车千佛洞和甘肃敦煌铁匝沟的第三纪早新世地层中，就曾发现胡杨的化石。维吾尔语称其为"托克拉克"，意为最最美丽的树。

胡杨有着极强的贮藏水分的本领。树皮被划破后，液汁便会从伤口中源源不断地流出，好似人在流泪，因此胡杨也被称为"会流泪的树"。这是因为，生活的环境越干旱，它体内贮存的水分也越多。如果用锯子将树干锯断，就会从伐根处喷射出一米多高的黄水。如果有什么东西划破了树皮，体内的水分会从"伤口"渗出，看上去就像伤心地流泪。但液汁中含有大量的碱性物质，因而又涩又苦，不能饮用。《新疆舆图风土考》曰："夏日炎蒸，其津液自树梢流出，凝结如琥珀为胡桐泪；自树身流出色如白粉者为胡桐碱"。因为胡杨将吸收的盐分部分储藏体内，部分通过表皮裂缝向外溢出，排出体外，形成白色或淡黄色的块状结晶即胡杨碱，《本草纲目》称胡杨泪，可以食用、洗衣、制肥皂等等。这种通过植

物体搬运盐分的现象，是胡杨在生态学上的一大特点，也是它适应干旱荒漠地区土壤盐渍化的特殊能力。

胡杨的木质极其坚硬，荷重可超过天山云杉。而且耐腐蚀性特强，深埋土中或水中可经久不腐。所以，当地的维吾尔族老人说：胡杨能活3千年，即长着不死1千年，死后不倒1千年，倒地不烂1千年，因而被誉称为顶天立地的“沙漠勇士”。我国考古工作者发现，地处塔克拉玛干沙漠2 000多年前的楼兰古城中，不管是房屋建材、棺木，或者是独木舟、木盆、木碗、木勺、木抓等，无不为胡杨木所制，而且不腐不朽，令人惊叹。

胡杨耐高温又耐寒，可在±39 ℃的气温条件下生存；耐干旱可在年降水量为50毫米的条件下生长。

胡杨还有惊人的耐盐碱能力，能在含盐量超过2%的重盐碱地正常地生长。它的体内含有高浓度的盐碱成分，有趣的是当胡杨体内的盐碱浓度过高时，能自动地将盐碱排出体外，因而在树干的伤口和裂缝处常常流出许多树液，干后凝结成米黄色的结晶体，这就是《本草纲目》所说的“胡杨泪”，现称胡杨碱，维语称其为“托乎拉克”，是碳酸钠盐的结晶，纯度高达70%，大者可达半千克一块，一株大的胡杨树每年可排出几十千克的碳酸钠。由于胡杨能够吸收土壤中多余的盐分，因而可以改良土壤。胡杨碱类似苏打，当地居民常用它发面、制肥皂，或者用来为罗布麻脱胶和制革，并可制作清热解毒、治酸止痛的良药。

胡杨一身是宝，它的叶片富含蛋白质和盐类，是牲畜最好的冬季饲料。所以，每当严冬来临，牧民便把羊群赶到胡杨林过冬。胡杨木材的心材因不断遭受盐碱的腐蚀而材质较差，但边材却纹理漂亮，十分细腻，是荒漠居民惟一的家具、建筑用材。它的纤维可长达1.1厘米，因而又是高级造纸材料。树干、枝、叶还可提炼胡杨碱。

（张鲁归　钱秀苐）

荷花适应水中生活的生理奥秘

荷花是著名的观赏花卉,为中国十大名花之一,是睡莲科中适应性极强的多年生草本植物,它不但花朵秀丽,而且还有很高的经济价值,尤其它的地下茎藕和果实莲子都是人们喜欢的蔬菜和滋补品。

荷花究竟为何能"出淤泥而不染"呢?近代植物学家通过研究,已经揭开了这个秘密。他们通过观察和解剖其组织结构,发现荷花的叶片在出水(实际在稀泥里)前对折卷成双筒,端尖紧贴叶柄成一直线,并生的花蕾出水前被萼片包裹,端尖、体形几乎与花柄等粗,这样可以减少出泥、出水的阻力。不仅如此,叶与花表皮的外层为角质和蜡质,能起到保护和防水作用。表皮上又有气孔与外界空气交流。花瓣表皮的每个细胞都有一个乳状突起,连接成防水墙,而且在花蕾期,萼片与花瓣层层紧抱,这般结构莫说泥水不能自由透入,就是朝它们的外表贴附淤泥也不能,因而芙蓉出水自然洁净无染。

荷花的叶上戏珠,即下雨后的水珠在叶面上滚动,又是赏荷的一大妙景。那么,又是什么使水能在叶面上滚动呢?科学家又进一步研究后发现荷花的叶片长大后像一把把伞撑在水上,以利接受光照进行光合作用,制造营养。当雨水太多聚集而不立即排除的话,就会影响其光合作用,所以荷花的叶面构造又十分巧妙地"设置"了排水结构,它叶面的上表皮为一层细胞,外壁具有角质和蜡粉,每个细胞都有脂质乳状突起,犹如一座座毗邻的陡峭雪峰,布满叶面,故触之粗糙,有毛糙感。而叶背的下表皮细胞则无此类装置,故触之光滑柔和。当雨水落在荷叶上,会立即凝聚结成大大小小的水珠,随风滚动而不浸湿荷叶,从物理学角度来说,这属于一种不湿润现象。荷花的叶上戏珠之美被古人所赞叹,唐代诗人杜甫就有"棹拂荷珠碎却圆"之诗句。

荷花

荷花的地下茎——藕,又是一个奇特的生理结构,它常年生长在水中,若长期与空气隔离,全株便会窒息而死,但物种形成时,就在藕的横断面上造就许多大小不一的孔,并随着藕体膨大而增大,这是藕

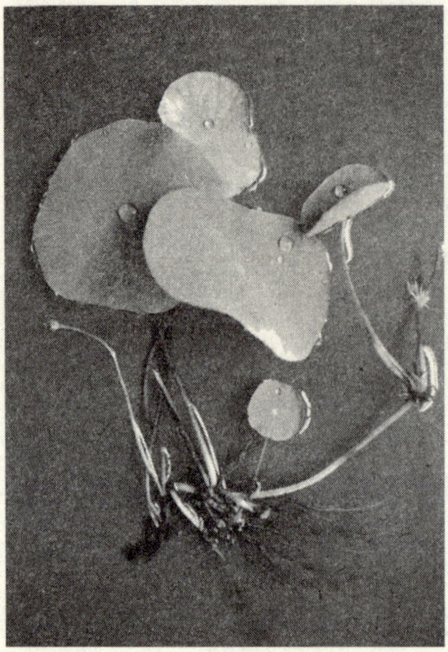

的通气道，这种通气道在叶柄、花柄中也有，它们相互贯通，共同起着通气的作用，确保荷花在水中的安全生长。藕的构造包括表皮、下表皮、薄壁组织和维管束部分。藕中维管束特多，星散分布于孔四周的薄壁组织中，形成输导组织网络系统。其中有一种螺纹管胞，是专门运输水分的。一旦藕被折断，管胞壁上增厚的螺纹纹理受外力作用，从管胞壁上脱落下来，这时就像弹簧那样被拉成肉眼所见的藕丝了。藕的形态和生理上的巧妙构造，被人们作为成语说明它的独特生长奇观。成语“藕断丝连”就是比喻表面上断了连接，实际上仍有牵连的关系。

荷花还有一大生长奇观是，除了藕能繁殖后代外，还可以依靠莲子接种。关于莲子繁殖，最为吸引人的是古莲子能活几千年的奇迹。1951 年中国科学院北京植物园的研究人员在辽宁普兰店收集到一批古莲子，它们是当地农民从地下的泥炭层中挖掘到的，经 C_{14} 测定，其寿命达千年(950±80年)。不仅当年在北京播种成功，后赠予许多国家试种，也都先后在异国他乡萌芽、展叶、开花成功，使中国荷花走向世界。

古莲子能保持旺盛的生命力，其奥秘究竟何在呢？原来，老熟莲子的果皮结构十分严密，从外至内由表皮、栅栏组织层、厚壁组织层、薄壁组织层和内表层组成，由这五道防线构成“密封包”，不但空气和水分不能自由出入，其他微生物也不能轻易钻进，而莲壳(果皮)内的种子处在这种特殊保护装置内，虽也进行微弱的生命活动，对贮藏物质的消耗降至最低限度，甚至接近假死状态。1964 年有人研究莲子所含抗坏血酸和谷胱甘肽等化合物，比其他植物种子高若干倍。这类化合物都是种子长寿和保持萌发力的重要物质。2003 年，有学者指出，莲子具有抗超高温的能力。将新鲜成熟的去壳莲子置于 100 ℃保温 24 小时，仍有 100%的发芽率，且能长出外观正常的幼苗。这是因为莲子的胚或胚轴中含有 5 种超氧物歧化酶(SOD)，其中 4 种为高等植物中罕见。由于成熟莲胚轴中 SOD 活性的高水平和特有的耐高温性，在莲子抗衰老中发挥着关键作用，从而避免莲子的细胞结构、核酸和蛋白质等受到破坏，因此莲子的活力能得以长久保持。

（王其超）

植物的自然克隆

大家知道，一个个体不通过性细胞的结合便产生多个后代，形成一个无性繁殖系，称为克隆。克隆的后代在遗传性上是相同的，吊兰从花盆里长出许多小的个体，这种自然的克隆现象，在植物界有很多，例如阔叶落地生根已经有8个月没浇水了，按理说已经枯死了，可是就在枯死的叶片先端又长出了新的植株，老株死了，新的一代生命又生机勃勃地开始了。它和棒叶落地生根一样，能在叶片边缘或先端长出多个小植株。一盆吊挂着的植物叫翡翠景天，花工叫它松鼠尾。它的叶片稍被碰擦就掉下来了，然后每一个叶片都可能长成一个新的植株。这些都是植物的自然克隆现象。那里长着一片地笋，用力拔起一株，下面带着几段小指般粗的茎，地笋用这样的办法可以由一株繁殖出多个植株。在山区我们还能见到一株株开小红花的植株，这种植物叫草石蚕，它的地下也有膨大的根状茎。挖出来一看，见到一颗颗像白玉般晶莹剔透的根状茎，这就是我们平时吃的酱菜叫螺丝菜，就是用它膨大的根状茎腌制成的。如果在马铃薯地里轻轻刨开土壤，会发现有乳白色的细丝，到了末端就长着一个个膨大的球，细细一看，确实是正在生长的马铃薯，喔，原来一株马铃薯下面可以长出许多个块茎，这确实是一种繁殖的方式——克隆。在池塘边长着荸荠，挖起几个洗干净后，发现一个荸荠就是一个球茎，呈扁球形，底下一个疤，是和去年地下茎相连处，上面长着好几个芽，球茎上环状的条纹就是它的节，节上长有退化成薄膜状的叶，顶上的芽萌发后，向上伸出圆柱状的叶，向下生出不定根。类似的现象还有很多，像慈姑、莎草、芋艿都

大叶落地生根的不定芽根

棒叶落地生根

有这种现象。

薯蓣科植物常有的现象是它们会在叶腋里长出一个个小的块茎，条件合适时，就各自发育成新的植物体，这种小块茎通常称为零余子。

为什么植物能自然克隆呢？要知道植物体长成以后，除了生长点的细胞没有分化以外，所有的细胞都已分化成各种组织，植物的自然克隆证明了一条真理：细胞具有全能性，即使已经分化成某一种专门功能的成熟细胞内，还是含有这个物种的全部信息，只要条件合适就可能进一步分裂复制出一个个新的个体，早在几十年前，人们就将一些珍稀的植物的叶片、花药、茎段、茎尖等进行组织培养，从而培育出千千万万株遗传性相同的后代。农民在生产实践中将马铃薯、番薯切成几块播种，将名贵的花卉、水果进行扦插或嫁接，都是人工地进行克隆，它们的优点就是保留了作物的优良性状，扩大了个体数量，尤其是在条件不适合的地区，植物不能开花或不能充分结实的情况下，依然可以进行扩大种植。

（马炜梁）

天然植物王国

鄂西山区有一片古老而神奇的土地——神农架，相传古代神农氏曾在这里遍尝百草，因千峰陡峭，需搭架采药，故得名“神农架”。

神农架主峰，海拔 3 105 米，号称华中第一峰，位于木鱼坪西约 20 千米。由下而上分布着冷杉、箭竹、香柏三层环带似的森林。林内到处点缀着红、紫色的杜鹃花。千家坪，位于大神农架东南约 13 千米，海拔 1 700 米，有国家一级保护植物，雅称“中国鸽子树”的大珙桐。它和附近的水杉、水青、香连、银杏、领木春、鹅掌楸等一样，是距今 1 000～8 000 万年被称为“活化石”的珍贵树种。大珙桐树高 20 多米，花形宛如白鸽，故得雅名。如今，这里已有人工种植的珙桐树 2 000 多株，深得人们喜爱。小当阳系千年古树所在地之一，主要树种有老态倔强的马凌光，有纠结盘错的珂楠树，有胸径 2 米的枫杨，有高达 50 米的冷杉，有树冠覆盖面积达一亩多的刺秋，有树干空心、可作牛圈的白果树，有坚似青铜的铁坚杉等等。

九寨沟镜海

神农架山高谷深，被誉为“华中屋脊”，有着保存完好的生态系统和各种珍稀濒危的动植物种，享有“绿色宝库”和“物种基因库”的美称，被列为国家重点自然保护区之一，联合国教科文组织将神农架列为“人与生物圈保护网”成员，世界自然基金会将神农架定为“生物多样性保护示范点”。

鼎湖山

中国地大物博，像这样的自然保护区还有很多，如内蒙古锡林郭勒草原自然保护区、福建武夷山自然保护区、广东鼎湖山自然保护区、四川卧龙自然保护区、贵州梵净山自然保护区、贵州茂兰自然保护区、吉林长白山自然保护区、湖北神农架自然保护区、新疆博格达峰自然保护区、江苏盐城自然保护区、云南西双版纳自然保护区、浙江天目山自然保护区。

自然保护区指对一定面积的陆地或水体自然环境和自然资源进行特殊保护和管理的区

神龙顶

域。简而言之,是为了保护自然资源而划出一定空间范围加以保护的地区。区内严禁任何直接利用自然资源的行为,严禁一切生产性经营活动。保护的对象主要包括:有代表性的自然生态系统,濒危动植物的主要分布区,水源涵养区,有特殊意义的地质构造、地质剖面和化石产地等。自然保护区不能有人为的直接干涉,任自然流程正常进行,包括特定时间内的一些自然作用,如自然火烧、群落自然演替、自然病虫害、风暴、地震等。

我国的自然保护区有生态系统类,保护的是典型地带的生态系统,例如广东鼎湖山自然保护区,保护对象为亚热带常绿阔叶林;甘肃连古城自然保护区,保护对象为沙生植物群落;吉林查干湖自然保护区,保护对象为湖泊生态系统。有保护珍稀野生动植物的,例如黑龙江扎龙自然保护区,保护以丹顶鹤为主的珍贵水禽;福建文昌鱼自然保护区,保护对象是文昌鱼;广西上岳自然保护区,保护对象是金花茶。还有保护自然遗迹类,主要保护的是有科研、教育或旅游价值的化石和孢粉产地、火山口、岩溶地貌、地质剖面等,例如山东的山旺自然保护区,保护对象是生物化石产地;湖南张家界森林公园,保护对象是砂岩峰林风景区;黑龙江五大连池自然保护区,保护对象是火山地质地貌。

中国是世界自然资源和生物多样性最丰富的国家之一,中国生物多样性保护对世界生物多样性保护具有十分重要的意义。我国的自然保护区事业,作为保护自然资源与生物多样性的重要手段,从无到有,蓬勃发展。从1956年我国建立第一个具有现代意义的自然保护区——鼎湖山自然保护区,到2001年底,已有各类自然保护区1 551个,国家级自然保护区达171个,总面积1.45亿公顷,占国土面积的14.44%左右。林业系统建立的自然保护区达909处,其中国家级自然保护区有155处,总面积1.03亿公顷,占国土面积的10.63%。这些自然保护区保护着我国70%的陆地生态系统种类、80%的野生动物和60%的高等植物,也保护着约2 000万公顷的原始天然林、天然次生林和约1 200万公顷的各种典型湿地。中国自然保护区作为宣传教育的基地,通过对国家有关自然保护的法律法规和方针政策及自然保护科普知识的宣传,极大提高了我国公民的自然保护意识。

完成上述目标并不是一件轻而易举的事情,它需要地球上全人类长期的自我行动和自我约束来完成。

(钱秀苇)

人工种子

你看到过像番茄一样的马铃薯或像马铃薯一样的番茄吗？美国科学家采用细胞融合技术将番茄和马铃薯的细胞融合在一起，培育出称之为“番茄薯”或“薯番茄”的新型植物。这种细胞融合技术就是依据植物细胞的“全能性”而发明的人工种子。

那么，什么是人工种子呢？人工种子是相对于天然种子而言的，是一种人工制造的代替天然种子的颗粒体，经过人工包裹的单个体细胞胚形成的具有与天然种子相同机能的一类种子，可以直接播种于田间。从广义上讲，人工种子技术包括体细胞胚生产、体细胞包裹、人工种子贮藏、人工种子制造机械等众多技术内容；从狭义范围讲，人工种子技术只包括体细胞胚生产和体细胞胚包裹(人工胚乳和人工种皮)技术。

人工种子充分利用了快繁技术的优势，又吸收了对植物生长发育和农业生物技术研究的先进成果，具有很多优点，比如繁殖速度快，通过植物组织培养产生的胚状体具有数量多、繁殖速度快、结构完整等特点，对那些名、特、优植物有可能建立一套高效快速的繁殖方法。人工种子的包裹层是通过化学方法生产的，不存在生物产生的任何限制。人工种子的体细胞胚是由无性繁殖系产生的，一旦获得优良基因型，可以保持杂种优势，不需要代代制种，可以大量地繁殖并长期利用，有利于农业生产的规范化、标准化和机械化管理，同时也不存在任何遗传变异问题。人工种子具备天然种子不具备的功能，具有特殊价值，对不能通过正常有性途径加以推广利用的优良植物材料，如一些三倍体、多倍体、非整倍体植株等，通过人工种子技术在较短的时间内加以繁殖、推广，同时保持它们的种性。在人工种子制作过程中，加入某些营养成分、农药、激素和有益微生物，促进并调节植物生长发育。

种子不仅是植物传种续代繁衍之本，而且也是人类衣食之源。植物人工种子的制作，是在组织培养基础上发展起来的一项生物技术。自从1978 年美国科学家提出人工种子的设想并制造第一批人工种子以来，已有许多国家的植物基因公司和大学实验室从事这方面研究。欧共体将人工种子的研制列入“尤里卡”计划，我国也于 1987 年将其列入国家高新技术研究与发展计划(863 计划)。经过 20 多年的努力，人工种子研究已取得了很大进展。

生产高质量的体细胞胚是人工种子制作的关键。从目前的研究结果来看,不是所有的植物种子都能开发出体细胞胚培养发生技术的,不同植物体细胞的培养亦有难易之分。在生产人工种子时,要求体细胞胚具有与天然种子相比拟的成株率,甚至超过天然种子,这就是专家所说的高质量人工种子。

尽管目前人工种子技术的实验室研究工作已取得较大进展,但从总体来看,目前的人工种子还远不能像天然种子那样方便、实用和稳定。许多重要的植物目前还不能靠组织培养快速产生大量的、出苗整齐一致的、高质量的体细胞胚或不定芽;包埋剂的选择及制作工艺方面还需要改进,以提高体胚到正常植株的转化率,并达到加工运输方便、防干防腐耐贮藏的目的。同时如何进行大量制种和大田播种,实现机械化操作等方面的配套技术还需要进一步的研究。由于人工种子是由组织培养产生的,需要一定时间才能很好地适应外界环境,因此人工种子在播种到长成自养植株之前的管理也非常重要,在推广之前必须经过农业试验,并对栽培技术及农艺性状进行研究。

生物技术发展到今天,细胞成了科学家们随意发挥想像力的乐园,他们甚至可以把生命像积木那样组装起来,进行细胞水平上的生命组合游戏。人们喜爱的蔬菜、名贵花卉以及人工造林所需的树苗,如果使用人工种子进行生产,优越性是非常大的,所以说高科技人工种子的潜力无限,应用前景一片光明。

(钱秀苇)

碎色郁金香——病毒的美丽作品

郁金香,又叫洋荷花、草麝香,它色彩艳丽,外形高贵典雅,是美好、庄严、华贵和成功的象征。在世界公认的郁金香王国——荷兰,种植郁金香的历史可追溯到 1593 年,那时一些郁金香迷,获得一个名贵的郁金香种球比获得一颗珠宝还高兴,有人竟然愿意以一个酿酒厂的代价去换取一颗罕见的种球。在 17 世纪早期,荷兰出现了一种“碎色”郁金香,因为这种郁金香具有色彩斑斓的花冠,各种颜色的色彩对比非常鲜明,在当时风靡一时,人们不惜用猪、牛、羊、成吨的谷物或上千磅的奶酪,甚至他们女儿的婚事做交易,就为能弄到一块这种色彩斑斓的郁金香鳞茎,那么是什么原因使郁金香变得如此绚烂美丽呢?其实这是由一种植物病毒引起的病害的症状表现!

说起病毒,相信大家并不陌生,2003 年春季就是一种叫冠状病毒的东西引起全球的 SARS 恐慌。其实病毒无处不在,它充斥在我们生活中的每一个角落,在大多数情况下,我们感觉不到它们的存在,但我们几乎每个人都得过的感冒,其实也是病毒引起的。植物和动物一样,也会受到病毒的侵袭而生病。植物病毒引起植物生病的症状和动物病毒引起动物生病的症状一样,是各异的。有的病毒能使植物的叶或花改变颜色,对于不同的植物引起的结果也可能存在很大的不同。一般而言,生病的植物叶片改变颜色,出现褪绿、黄化等症状,还有的出现深浅绿相间的斑块,使叶片发生皱缩等等,但是当变色表现在花瓣上,颜色就会发生深浅不同的变化,有的颜色加深,有的维持正常,有的变浅以至消失,呈白色或黄色。这种变化使花瓣表现为镶色,就是人们称为“碎色”的现象。对于被病毒侵染的红色或紫色花的郁金香品种,花瓣会显现浅黄色或白色大小不一的条纹,这确实比原来健康的花更增加了一分亮丽,患病的花反而更好看了,因此过去有人误以为这是新品种,广泛种植此类病花,从而客观上人为地造成该病毒的广泛传播。而在浅色或白色花品种上,因花瓣本身色素少,花受病毒侵染后症状不大明显,也就没有红色或紫色花的郁金香病花“好看”了。

说到这里,肯定会有人问,讲了这么多,那这种病毒从什么地方来,它又是怎么传播的,会引起哪些危害呢?引起郁金香碎色的是一种叫郁金香碎色病毒的生物,它的大小只有我们一根普通头发丝直径的百分之一,

黄碎色郁金香

用肉眼是不能看见的，甚至用普通的显微镜也不能看清，只有用放大千倍的电子显微镜才能看清它的结构。这么小的病毒本身几乎没有什么活动能力，它只能借助外界的力量进行传播，在自然界有一种称为蚜虫的昆虫，它能够传播上百种植物病毒，郁金香碎色病毒就是由这种昆虫传播的。这种病毒除了危害郁金香，还会危害百合等其他植物。在外界气温不适宜病毒生存的冬天和夏天，病毒就会在郁金香的鳞茎中度过。有人可能会说，既然感染病毒反而使郁金香变得更加美丽，那就让它感染好了。其实不然，郁金香受害后，会使它的鳞茎生长量减少，品质也会降低，花朵会逐年退化，还会导致开花期延迟，郁金香属于多年生的宿根花卉，所以我们不能为了它一时的美丽，而使它的寿命大打折扣呀！

郁金香碎色病现在被认为是一种世界性病害，已经受到越来越多的国家尤其是郁金香种植国的重视，目前用热处理和组织培养脱毒技术已经可以很好地控制病害。现在在荷兰阿姆斯特丹的博物馆仍保存有一张 1619 年荷兰画家所作的珍贵的“碎色”郁金香静物画，它已经成为历史的缩影。人们在真正认识了碎色郁金香的形成缘由之后，它也就不再价值连城了！

（高　磊　徐　颖）

芳香之谜

据不完全统计，世界芳香植物有 3 600 多种，被有效开发利用的有 400 多种，分属于唇型科、菊科、伞型科、十字花科、芸香科、姜科、豆科、鸢尾科和蔷薇科。这些品种的原产地主要分布在以地中海沿岸为中心的欧洲诸国，其次是中亚、中国、印度和南美等地区。

历史上最早应用的天然香料，既有原始而未经加工直接应用的动植物发香部位，也有通过物理方法进行提取或精炼加工而未改变其原来成分的天然香料。早在五千年前，中国皇室贵族就以燃烧芳香植物表示尊敬、庄重和精神上的享受，这就是历史上的熏香时期。而在西方，香料的应用也是从熏香开始的。

芳香植物具有多方面的重要价值，首先是它的药用价值，此外它含有香气成分，这种成分可以作为精油被提取出来用于医药、食品加工、化妆品等各个行业中。同时在近代的科学研究中还发现，除了含有许多药用成分和香气成分以外，它还含有抗氧化物质、抗菌物质以及天然色素等成分，这意味着芳香植物不仅仅可以取代化学合成香料，还意味着现在被广泛利用的许多人工合成抗氧化物质、抗菌物质和化学染料都会在不久的将来被芳香植物所取代。近几年的实验结果还发现，芳香植物除含有以上的药物成分和芳香成分外，还含有大量营养成分和微量元素，其含有率高于其他农作物和蔬菜。

我国自然资源丰富，特别是植物资源，这一点决定了我国是盛产天然香料的大国。目前我国已发现具有开发利用价值的芳香植物种类达 60 多科 400 多种，进行批量生产的天然香料品种已达 100 多种。其中，薄荷油、桂油和茴油的产量已稳居世界第一。我国盛产的香料油品种还有杂樟油、樟脑、香茅油、姜油、桉叶油、留兰香油等。此外，我国每年大量出口的香辛料植物如生姜、洋葱、大蒜、辣椒、芫荽、小茴香等在我国南北各地均有栽培。因此，无论在香料植物资源上，还是目前已经形成商品的天然香料的品种和数量上，我国在国际上均已占有一定的地位，已成为天然香料的生产大国之一。

薰衣草

但近几十年来，由于我国的开发多局限于

橙花

柠檬

木本植物的利用,对草本类的开发研究进行甚少;又由于木本植物规模化开发的局限性,至今尚未见到有生产效益的香料生产基地;这些资源大多用于中草药的开发和一部分调味料的开发,在其他领域的利用几乎没有进行;由于在种类上没有大的变化,研究内容比较陈旧,综合利用开发更无从谈起;我国现有种类绝大多数集中在南方,西部地区香料作物的优势没有被发展利用;另外,我国目前还忽略了对国外名贵芳香植物的引种研究工作。

其实,芳香植物在国内外的市场前景广阔。随着人们生活水平的不断提高,应用范围的不断扩大,无论在中国还是世界上,天然香料的消费量也将不断地增加。近几十年来,世界香料行业发展迅速,香料工业的产值从1990年的78亿美元上升到2000年的121亿美元,年均增长5%左右,但我国目前在世界香料市场中所占份额仅5%左右,与我国13亿人口的大国地位不相适应,日本所占份额达到12%,而美国则高达20%。所以说,当前面临的国际竞争日趋激烈,给我国香料工业的发展带来了难得的机遇,也带来了重大的挑战。

(钱秀苇)

玫瑰

玫瑰(Rose)是一种宝贵的香料,属于香水业中最重要的植物。被希腊女诗人莎孚(Sappho)称为“花后”。原产我国北部,珲春图们江流动沙滩上有大面积野生,朝鲜、日本、俄罗斯也有分布,如今全世界各地都有栽培。其品种很多,最早的品种是洋蔷薇,或者叫画师玫瑰,也就是通常所说的五月玫瑰,是法国香水的专用玫瑰。现在可以明确的玫瑰香味有17种。在通常情况下,玫瑰香味总含有蜜甜香的香气,三甜合一,芬芳四溢,属花油之冠。提炼1磅的玫瑰香油或玫瑰香精需要1 000磅的玫瑰花,纯香精的比例更是少之又少,只有0.03%。

“斑蝶事件”与转基因植物

人类已进入基因世纪,“基因”一词成了日常用语,经常挂在每个人的嘴上。但是绝大多数人对基因的实质其实一无所知,只模模糊糊地知道基因是决定遗传的神秘东西。对于普通大众来说,转基因植物还没有达到家喻户晓的程度。但是在日常生活中,许多转基因食品已经与我们不期而遇。我们每天食用的豆浆、面条、色拉油等食品,其中有很多都含有转基因成分。转基因植物自 1993 年出现以来,目前其种植已遍布全球,2002 年全球转基因作物的种植面积达 1.45 亿亩,我国转基因作物种植面积超过 100 万亩,是继美国、阿根廷、加拿大之后的第四大种植国。

面对琳琅满目的转基因商品,人们难免要害怕这种新奇之物会给我们未来的生活带来种种不安。

国际上,科学界对有关转基因食品安全性的争议一直没有停止。最初是 1999 年那场骇人听闻的转基因马铃薯事件。英国的一位研究人员用含有转基因的马铃薯饲养大鼠,引起了大鼠器官生长异常、体重减轻和免疫系统遭到破坏。随后,更有名的一场风波在美国刮起,1999 年 5 月,康奈尔大学的一个研究小组在著名的《自然》杂志上发表文章,声称转基因抗虫玉米的花粉飘到一种名叫“马利筋”的杂草上,用马利筋叶片饲喂一种斑蝶,导致这种蝴蝶 44%的幼虫死亡。一年后,爱荷华州立大学的科学家又发现,两天中每五个这种斑蝶幼虫接触到转基因玉米花粉后就会死亡,在这种花粉环境中暴露五天后,超过半数的幼虫会死亡。科学家约翰·奥布莱基说:“在田野中,蝴蝶幼虫的死亡率会更高,因为它的整个幼虫阶段都暴露在有毒环境中。如果要在美国中西部地区大面积种植转基因植物,必须充分评价其对

环境的安全性。"他们的研究成果一发表，立即导致了世界范围对转基因食品的恐慌。一部分人视"转基因"如洪水猛兽，唯恐躲之不及。

人们为什么如此在意转基因呢？因为他们害怕转基因食品对人类的健康会有问题。一部分科学家认为，转基因食品可能的危害有三点：第一，它们生产的毒素引起人体急、慢性中毒；第二，它们的花粉等物质可引起人体的过敏反应；第三，它们的营养成分变化，使人体的营养结构失衡。如果这些科学家的预言是正确的，那么，转基因食品在未来难免要成为人类健康的隐形杀手。

但是，事情远非这些科学家想像的那么糟。另外一些科学家认为，转基因食品是安全的。依据何在？提出该论点的人认为，十多年来，转基因产品在美洲一些国家一直公开销售，至今尚未发现这些产品对人体造成任何不良影响。批准上市的转基因食品基本上已经过了十分严格的安全性审查，可以认为是安全的。

两种观点一出来，舌战拉开了序幕。认为转基因食品有毒的科学家认为，转基因植物在微观层次的变化不会立即引起其外部表现形式的变化，因此，即使一个转基因作物在最初申请进入市场和食品安全性评估时没有被检测出任何问题，也不等于它就一劳永逸地安全了，因为在它内部可能正酝酿着一场变异风暴，在时间足够长的情况下，它有可能给人类带来一场"核爆炸"级别的影响。

对转基因食品保持乐观的科学家不久给予了回应，他们重新抛出这场风波的导火线——"斑蝶事件"。他们认为，"斑蝶事件"在转基因食品的安全性问题上没有说服力，因为这个试验是在实验室条件下完成的，而且在试验设计中，也没有提供斑蝶食用的花粉量的数据。最近有报道称"斑蝶事件"有了新的科学结论：斑蝶减少的真正原因，一是农药的过度使用，二是墨西哥生态环境的破坏。但是，虽然"斑蝶事件"有了新的结论，也无法排除人们对转基因食品的安全性问题提出质疑。"转基因食品是安全的"这种说法只是一家之言。接踵而至的许多新事件证明了相反的观点：1999 年加拿大转基因油菜事件，2001 年墨西哥玉米基因污染事件，2002 年转基因食品的 DNA 在人体内残留的试验……世界粮农组织、世界卫生组织及经济合作组织这些国际权威机构也都表示，人工移植外来基因可能令生物产生"非预期后果"。国际消费者联合会(成员包括全球 115 个国家的 250 个消费者组织)也表示："现时还没有一个政府或联合国组织会声称转基因食品是完全安全的。"

有关转基因植物安全性问题，国际科学界至今还没有达成共识。这一问题至少在目前仍存在巨大的悬念。限于当前科技发展的水平，

还没有科学家和实验能够证明转基因食品对未来50年、100年乃至几百年以后的人类和生态环境带来的影响。转基因食品是否有害,还需要更充分的科学依据和长时间的实践检验。

虽然如此,在当前情况下,转基因植物还是给人类带来了巨大的效益。由于人工导入了许多带有专一性目的的基因,转基因作物具有抗旱、抗杂草、抗虫、抗病毒、高产等特性。转基因粮食的种植,给粮食安全问题提供了保证,此外,有些转基因技术对农业生产品质改良也具有重大意义。由于转基因食品的高产,它有望成为21世纪拯救非洲饥荒和全球粮食危机的主要功臣。

(鞠瑞亭)

转基因植物的安全性评价

转基因植物是指拥有来自其他物种基因的植物,该种基因变化过程可以来自不同物种之间的杂交,但现在该名词更多的特指那些在实验室里通过重组DNA技术人工插入其他物种基因以创造出拥有新特性的植物。

目前对转基因植物的安全性评价主要集中在两个方面,一个是环境安全性,另一个是食品安全性。环境安全性评价要回答的核心问题是转基因植物释放到田间去是否会将基因转移到野生植物中,或是否会破坏自然生态环境,打破原有生物种群的动态平衡。

食品安全性也是转基因植物安全性评价的一个重要方面。经合组织1993年提出了食品安全性评价的实质等同性原则。在进行实质等同性评价时,一般需要考虑以下一些主要方面:1.有毒物质。必须确保转入外源基因或基因产物对人畜无毒。2.过敏源。在自然条件下存在着许多过敏源。在基因工程中如果将控制过敏源形成的基因转入新的植物中,则会对过敏人群造成不利的影响。所以,转入过敏源基因的植物不能批准商品化。另外还要考虑营养物质和抗营养因子的含量等。

植物与昆虫之间的共生

在自然界中，有些植物的繁衍和生长，离不开它的寄生虫，没有昆虫的寄生，这些植物就将永远在地球上消失；那些昆虫要是得不到该植物提供的寄生场所或者花粉等食物，也会灭绝。

在我国南方，有一种叫薜荔的植物和它的寄生虫薜荔榕小蜂之间演绎的故事是共生关系的写照。薜荔是一种常绿木质藤本植物，属于桑科无花果属。薜荔的果可加工成薜荔冻，具有解热清暑、提神健身之功效。薜荔是雌雄异株的植物，就是说每棵薜荔树都是单性的，不能自身完成授粉、结果、繁殖后代。薜荔榕小蜂是一种微型小蜂，雌、雄小蜂形态并不相同。黄色的雄蜂一生都在黑暗的薜荔花序内，它们没有翅膀，眼睛和触角也已退化到很小，但它们的嗅觉、交配器官特别发达。黑色的雌蜂，翅膀、眼睛和触角都发育正常。雄株薜荔的花序内有雄花和瘿花两种花，其中雄花供授粉结果用，瘿花是一种退化了的雌花，它已经失去了繁衍后代的能力，不结果，专供它的伙伴——薜荔榕小蜂产卵、栖身之用。在瘿花里，小蜂完成幼虫孵化直至成虫。发育成熟的雄蜂和雌蜂分别用自己锐利的牙齿咬破瘿花。然后，雄蜂悄悄地爬到雌蜂所在的瘿花里，把尾部插入洞内与雌蜂交尾，雌蜂受精以后便从瘿花内爬出，经过雄花区，它的身上就会沾满雄花的花粉。交配后满腹怀卵的雌虫总是急切地寻找它的产卵场所。它们有翅膀，四处飞舞，寻找新花序，如果雌虫正好爬到一棵雄株薜荔的瘿花内，小蜂便会在这里生长发育继续繁衍后代；如果进入的是雌花序，雌蜂将充当植物信使，然后死在花序内。为什么呢？因为雌花序里所有的花都是长花柱的雌花，小蜂的产卵器无法达到子房。于是，它在到处寻找产卵场所的过程中，把身上的花粉全擦到了雌花的柱头

鲜美的薜荔果

正在传粉的蝴蝶

上，完成了传粉。据统计，一只雌蜂可以为300～400朵花传粉。而“误入”雌花花序的雌蜂在出色地完成了传粉任务后，也耗尽了体力，满腹怀卵地死在花序内。它以生命为代价对植物的繁衍作出了巨大的奉献。

除了薜荔和薜荔榕小蜂之外，自然界还有许多昆虫与植物之间存在着共生的关系。除了我们常见的蝴蝶和蜂类之外，一些蛾类也是植物传粉的好手。有一种叫丝兰蛾的昆虫和它的寄主丝兰之间的关系也是一个极好的例子，丝兰一般晚间开放出香气四溢的花，以吸引丝兰蛾，丝兰蛾用啄管收集花粉。雄蛾在夜间寻找雌蛾交尾，交尾后的雌蛾便爬上花药采集花粉，把花粉搓结成一大块，这块花粉可达到它头部的3倍那么大。然后它便背负着这重物飞到另一朵花中去，产卵于子房室中，产完卵后它就爬到柱头上将背负的花粉球压上去，这种正确的动作是非常惊人的，好像它深知雌蕊的构造和将来子房的发育情形一样。丝兰的胚球因为得到了丝兰蛾的传粉而受精，而丝兰蛾的幼虫也可以用丝兰的胚球为食料而存活。它们相互受益，共同完成了双方的种族繁衍。

生物界的这种现象，显示出了一些昆虫与植物在自然界非常复杂而细致的条件下过着和谐的生活，当植物的种子成熟时，昆虫的发育也获得了充足的营养，在“合则皆旺、分则皆亡”的法则中，植物与昆虫之间形成了长期相互共存的友好关系。

（鞠瑞亭）

外来生物如何成为霸主

不经意间,我们身边的自然已经发生了很大的变化,环境中的物种常常变脸,特别是城市园林绿化的发展、植物品种翻天覆地的变化让我们对许多植物非常陌生。这些植物大都是外来引进的生物,我们在引进的时候,本来都是出于好的出发点,目的是想让它们丰富我们的生活环境,然而,一些植物被引进以后并没有听从我们人类的安排,它们肆意作恶,还渐渐地"蚕食"了其他生物的地盘。在科学上,我们叫这种现象为"生物入侵"。生物入侵的影响很严重,它给我国每年所造成的损失高达数千亿元人民币。除了经济损失以外,生物入侵还对当地生物的多样性和生态系统的稳定性构成严重威胁。生物入侵是一个复杂的反应过程。在我们引进的全部外来物种中,只有 1/1 000 的种类会变成入侵的有害生物。即使如此,还是有一部分物种演变成了入侵种,它们的罪行真可谓"罄竹难书",那么,这些变成入侵种的外来生物是如何成为霸主的呢?

从事情发生的先后顺序,我们可以推断,一个外来物种要想变成入侵种,必须经历至少三个步骤:第一步,被有意或无意地从一个区域转移到另一个区域;第二步,在新的地区,少数几个"前辈物种"存活了下来,它们的存在不久在其所在的环境中建立了一个"小社会"(生态学上叫"种群");第三步,这个初步建立的小社会中的成员相互交往,不断繁殖,形成新的更大的"社会群体",然后,这个群体不断扩张,从而在较大范围内形成严重影响。

第一步和第二步,我们都不难理解,如果在这时候,人们早有先见之明,将那些可能成为入侵种的外来生物扼杀在萌芽状态,也就没有后来的问题了。但是,问题的关键是,几乎所有的入侵种,都是在其已经造成重大危害以后才被我们所重视,也就是到了第三步才被发现。这时候,亡羊补牢已经晚矣。那么,这些外来物种种群达到了一个新的水平后,究竟是如何发生爆炸性扩散的呢?有关外来入侵生物的扩散方式,大致可以分为如下几种。

入侵植物最重要的扩散方式是生物自身主动扩散,这种本领是它们与生俱来的,它们可以依靠自身力量,而不需要外界媒介来帮助它们完成扩散。如微甘菊等植物,它们具有发达的无性繁殖方式,不需要授粉就能完成繁殖,它们的繁殖系统在生长过程中不断向外扩张,从而达到扩散的目的。有些植物在生长过程中会在果实内产生大量的蛋白质和糖，这些化合物吸收大量的水分以后在果实内产生了很大的膨胀压力，当果实成熟时，果实内的种子可以靠这种压力被扩散到离母株几米远的地方。还有些植物，它们的果实在果皮上产生弹性组织，弹性组织在某个方向上不断积累张力，当张力达到一个值时，突然释放，从而将果实内的种子弹射出去。

入侵植物除了自身主动扩散以外，人类行为被认为是扩散的另一重要途径。地球上几乎每个角落都有人类活动的踪迹，目前，几乎所有地区的植物都在很大程度上受到人类活动的影响。依赖人类散布的类型有两大类：第一类是人类主动散布，如大米草和凤眼莲，这些生物由于对人类有用，从而被人类主动引种和驯化并得到散布；第二类是人类无意识的散布，这类生物要么附着在人体上传播，要么附着在汽车、火车、船只等交通工具上传播，要么混入农作物种苗得以传播，要么混入饲料或者包装生物上得以传播，要么混入矿物或者土壤中传播等。

除了上面的两种方式，外来植物的扩散，还有气流扩散、重力扩散、水流扩散、动物媒介扩散等多种方式。对于气流扩散并不难理解，由于绝大多数植物都生活在大气中，必然与大气形成密切的关系，就植物而言，其繁殖体常依赖气流来完成扩散。很多植物形成了与气流散布相适应的机制。对气流散布的不同适应方式使植物的果实或种子表现出不同的症状，如表面积增大、重量减轻等。重力扩散一般不单独存在，很多植物主要依靠重力作用落到地面，然后再结合其他扩散方式一起将种子散布到周围；很多植物的种子依靠水流来完成扩散，因此，水流散布也是一种常见的扩散方式；此外，许多植物还依靠动物媒介扩散，动物为植物提供散布机会，提高了被散布植物的存活可能性，植物为适应动物散布而进化出了一系列的适应特征，如果实与种子的颜色、大小、形状、化学成分、成熟时间等；昆虫、鸟类、爬行类甚至一些哺乳动物等都可以成为植物进行传播的媒介。

（鞠瑞亭）

植物与昆虫的协同进化

漫步在富有奇趣的大自然中，人们常常感叹这花儿绚丽、果实香甜、蜂鸣蝶舞的多样世界。在这五彩斑斓的陆地生物群落中，昆虫与植物是其中最为重要的组成部分。植物为昆虫提供了充足的食物和生存的避难所，对维持昆虫大家庭的生生不息作出了重大贡献。但是，昆虫也并非是那种只求索取、不给回报的拿来主义者，由于植物不会移动，而昆虫具有发达的感觉作用和活动能力，所以，许多植物的传宗接代要靠昆虫运输种子和花粉。植物与昆虫共同生活在一起，千万年来，它们既相互斗争，又相互依存，共同演绎着一部传奇的历史。

大家都知道，我们今天拥有的世界是物种经过长期进化的结果。那么，昆虫与植物，从进化的角度出发，它们哪一方在进化上的作用更大呢？这个问题值得思索。经过长期的探索，1964 年，科学家提出昆虫与植物协同进化的理论，这个理论认为，昆虫与植物的进化是相互之间共同向前发展的。他们认为，在昆虫与植物长期的共存进化过程中，植物通过偶然的遗传突变和基因重组，使内部发生改变，产生一系列的被称为“次生代谢物”的物质，从而对昆虫产生抵抗能力(抗性)，达到避免被取食的效果。这样一来，那么昆虫不就要“饿殍遍野”了吗？如果是这样，那么今天这个世界上就没有昆虫了。昆虫为了繁衍，它们自身不得不产生相应的变化来适应植物的进化，从而可以继续以植物为食，获得营养。

在所有的昆虫中，传粉昆虫同植物的进化关系一直被认为是协同进化理论的典型。对它们来说，昆虫选择植物作为食物和生长的场所，而植物选择昆虫为它们传授花粉、繁衍后代。有许多鲜明的事例可以证明它们之间是协同进化的，我们以昆虫的感觉功能和植物花果的颜色来验证一下这一关系。在温带地区，许多植物的花往往是黄色、白色、紫色或蓝色，因为这里的昆虫对鲜红色辨别力较差。而在热带，很多花则恰好是红色，因为这些地方的蝶类和蜂鸟善于辨别这种鲜艳的颜色。对于这些虫媒植物来说，传粉是靠昆虫或蜂鸟实现的。昆虫在寻花采蜜时身体粘上花粉，拜访其他花朵时先前粘上的花粉就撒落在后者的柱头上，为植物完成了授粉作用。在这一过程中，昆虫得到食物，花得以授粉，动物与植物彼此受益，相得益彰。这种相互依赖的关系有时甚至协同进化出令人惊讶的结果，昆虫与植物的一方仿佛完全是为了适应另一方而存在，如蝴蝶的口器刚好适合兰花的唇瓣。

关于花和昆虫，我们完全可以想象，植物本身原先只有简单的绿色一种颜色，昆虫本来没有辨别彩色的能力，是协同进化导致了这种能力。因为有些昆虫能根据花的不同颜色找到花朵，于是具有这种特异功能的昆虫在进化中得到更多的保留。而开有彩色花的植物更加便于昆虫寻找，因而也得到更多的保留。两者相互促进，致使自然界花草色彩呈现出五颜六色的特征。

关于昆虫的嗅觉和味觉与植物的进化关系，我们同样可以设想，昆虫原先也没有香甜等感觉功能。有这些感觉快感的昆虫在寻求花粉时更有动力，从而得到更多的食物，而由于这些植物得到了更多的传粉机会，于是在进化中，它们也得到了更多的保留，提供糖分的花和昆虫相应的快感功能在长期的协同进化中都得到了发展。

综上所述，气味、颜色和形状特殊的花更加便于昆虫寻找，所以它们也在昆虫的“选择”下得到高度发展，同时昆虫也产生和发展了相应的快感功能，包括视觉快感即美感功能。

除了传粉型昆虫以外，是不是其他所有昆虫的食性对寄主植物的选择和适应，也都存在协同进化的关系呢？对于这一理论，科学界始终存在着两种观点，一种人赞同协同进化的理论。他们认为，昆虫食性确实是由植物与昆虫的这种彼此成对影响作用所形成的。而另外一些反对此理论的科学家则认为，植物即使产生新的次生代谢产物也不一定能使植物免于被昆虫取食的危害，因为有些次生代谢产物反而对某些昆虫种类有引诱作用。也就是说，植物产生次生代谢产物并不能使这些植物抗虫性经常提高，一些新的昆虫开始取食这些植物，却并非由竞争食物的压力所造成的。所以有些取食植物叶子的昆虫，它们的食性对寄主植物的选择与适应，与传粉昆虫的情况是不同的。后来，昆虫学家汤普森也验证，昆虫与寄主植物成对的协同进化并未在所有的昆虫中都能获得肯定的结果。究竟谁是谁非？科学界还一直处于探索之中。

（鞠瑞亭）

引起植物病害的五大罪魁祸首

在自然界中，植物如同人类一样，它们有的强壮健康，有的娇嫩脆弱。不管哪种类型的植物，都会随时遭受其他生物的攻击，当植株的抵抗能力下降时，它们一旦受到那些容易引起病害的病原生物侵染，植物的正常发育就会受到破坏，从而发生病变，引起植物病害，导致植物无精打采，表现出萎蔫、肿瘤、发霉等许多症状。大多数植物病害是传染性的，由人类的肉眼看不见的细小生物侵染引起的，引起病害的细小生物有一个庞大的家族，这个庞大的家族由五个小家族组成，它们是引起植物病害的五大罪魁祸首。

在这五大罪魁祸首中，它们的大哥是植物病原真菌。真菌是一类具有细胞壁的营养体，它是具有细胞核的真核生物，它产生后代的方式主要靠繁殖孢子。真菌种类多，分布广，可以存在于水和土壤中以及地上的各种物体上。大部分真菌是靠腐生方式生存的，也有些真菌是靠寄主寄生生存的。寄生性的真菌中，有些可以寄生在人和动物体上引起疾病，但是更多的是寄生在植物上，引起各种病害。在所有的病原生物中，由真菌引起的病害最为广泛，在农业生产上，霜霉病、白粉病、锈病、黑粉病等许多重要的病害都是由真菌引起的。因此，真菌是农业植物病害上的“头号杀手”。真菌病害通过气流、雨水、昆虫等方式传播。真菌入侵寄主植物的途径有很多，有些能直接侵入寄主植物内部，有些由植物的气孔等自然孔口及伤口侵入植物。在田间，如果我们发现某种植物有坏死、腐烂和萎蔫等症状，特别是病斑上常常有发霉的小粉粒出现，在一般情况下，这都是由真菌引起的病害。

植物病原细菌在植物病原生物家族中排行老二。细菌是一类有细胞壁但无固定细胞核的单细胞生物，生物学家称这类生物为原核生物。大多数细菌自已不能进行光合作用产生能量，需要从其他生物上吸取营养。细菌种类很多，迄今记载的植物细菌病害有500种以上，虽然如此，它所导致的植物病害数量还是远远比不上真菌。细菌分布较广，凡是有植物生长的地方，几乎都有细菌病害分布。有些细菌病害还是农业生产上的重大障碍，如水稻白叶枯病、茄科植物青枯病、大白菜软腐病等。植物病原细菌主要靠风雨传播，昆虫、农事操作和农机等器具也有可能传染细菌。细菌病害同样具有坏死、腐烂、萎蔫和肿瘤等症状。诊断田间细菌病害通常根据以下三个特点：一是受害组织表面常有水渍状和油渍状；二是在潮湿条件下，病部有黄褐色或乳白色、胶黏、似水珠状的脓液；三是腐烂型病害患部往往有恶臭味。

五大罪魁中的三哥是植物病原病毒。病毒侵染植物，有的引起病害，有的对寄主基本没有影响，许多名贵花卉植物的病毒则为人们所用来培育出新的品种。因此，只有侵染植物而又引起明显病害的病毒才是植物病原病毒，有时简称为植物病毒。从引起的病害数量和危害性来看，植物病毒是仅次于真菌的重要病原物。许多农业上的植物病害如水稻条纹叶枯病、小麦梭条斑花叶病等都是由病毒引起的。病毒究竟是不是生物，一直处于争论之中。有些人认为病毒自身缺乏代谢能力，应该不属于生物范围。但是现在有更多的人则强调，核酸是生物共有的遗传物质基础，因此，从本质来讲，病毒是一类非细胞形态的生物。在自然界，病毒病主要依靠接触传染、花粉及种子传染、昆虫等介质传染。植物病毒病的症状往往表现为花叶、黄化、矮缩等，少数为坏死斑点。

植物病原线虫在这个家族中排行老四。线虫又称蠕虫，是一种低等生物，在数量和种类上仅次于昆虫，居动物界第二位。线虫的分布很广，多数腐生于水和土壤中，少数寄生于人类、动物和植物中。它们有复杂而专化的器官，包括消化和神经系统，但是没有专门的呼吸和循环器官，这两种生理功能由体腔内体液流动承担。线虫雌雄异体，种类繁多，全世界共有 9 000 种，其中寄生植物的有数百种，几乎每种作物上都有线虫危害。由于线虫对植物的危害所致的症状与一般的病害症状相似，所以把线虫病常划归与植物病害一类。线虫对植物的危害大都集中在根部，因此，不检查根部是很难识别线虫病的。断定病害是由哪种线虫所致，一般要在实验室中进行检验。

五大罪魁中的小弟弟是寄生性种子植物。种子植物绝大多数是自养的，少数由于缺少足够叶绿素或因为某些器官的退化而成为寄生性的。寄生性种子植物大多寄生在山野植物和树木上，其中有些是药用植物。少数寄生性种子植物寄生于农作物上，如大豆菟丝子、瓜类的列当等，给农业生产造成较大的危害。寄生性种子植物的致病作用主要靠伸出吸器或根等吸收器官进入寄主体内，以吸收水分及养料并致病。

由以上五种罪魁引起的植物病害对农业生产和社会经济产生了重要影响，19 世纪的“爱尔兰大饥荒”、20 世纪 40 年代的“孟加拉饥荒”都是由植物病害引起的。进入 20 世纪 90 年代以后，尽管人们采取了各种措施进行植物病害的研究和控制，但全球每年因病害而导致的产量损失仍达 12%，经济损失高达 420 亿美元。因此，如何防治植物病害，保护农作物健康生长仍然是 21 世纪面临的重要课题。

（鞠瑞亭）

植物自身抵御昆虫入侵危害的法宝

如果有兴趣，你可以采回一些只取食一种植物的专食性昆虫，用其他植物来饲养，如果这种植物不是这种昆虫喜欢的食物，那么它宁可饿死，也不会受那"嗟来之食"。究竟是什么原因导致这样的情况发生呢？

原来，这些昆虫长期取食一种植物，渐渐养成了专食性习惯，它们只对嗜好的植物有趋性，而对非嗜好植物趋性不显著甚至产生了忌避，即使在饥饿条件下与之接触仍拒绝取食。科学家通过长期的实验，发现植食性昆虫对寄主植物的选择是由于不同植物内部所含有的一种叫"次生物质"的东西所造成的，这样的物质一般有防御昆虫取食的作用，引起它们离弃植物或拒绝取食。

植物在长期的演化过程中，对昆虫的侵害有三种斗争方式。第一种是引起昆虫避开取食或抑制其取食；第二种是影响昆虫对食物的消化和利用；第三种是使昆虫中毒或死亡或延迟其生长发育。植物可以分泌出多种多样的次生代谢物通过影响昆虫的神经系统、呼吸系统、肌肉系统、消化系统、生殖系统和生长发育而达到杀灭害虫、保护自己的目的。次生物质是植物自身抵御害虫取食危害的法宝。

自然界大多数植物都会不同程度地产生毒素，作为在进化过程中形成的一种防卫机制，来抵御那些危害它们的昆虫。虽然在长期的进化过程中，昆虫对某些植物中的次生物质能够忍受或解毒，但是存在于其他植物上的大多数此类物质仍然能对昆虫构成毒副作用。昆虫有时候就像一位分析化学家，能够鉴定其周围环境中遇到的各种化学物质，辨别食物和毒素。如果一些植物产生的代谢物质对它不嗜好或者不适应，那么它就不会取食这种植物。

自然界中的许多植物具有让昆虫难以忍受的气味，它们就凭借这样的本事免受昆虫的危害，有人发现印楝树的叶子含有一种物质，它能强烈地抑制一种叫"沙漠蝗"的昆虫的取食。受这一发现的启示，人们相信从植物中可以寻找化合物，作为昆虫取食或产卵的抑制剂来控制害虫、保护庄稼。在此背景下，开发与环境友好的以植物源为主的农药越来越受到化学家的高度重视。

据科学家研究，已经查明化学结构的植物次生代谢物质有 10 000 种左右，估计植物化合物的总数可达 400 000 种以上，其中很多次生物质对昆虫具有拒食作用，有时候，一种植物有可能包含有一种或几种具有拒食活性的化合物。

最先被人们开发出来应用于生产实践的植物源农药是从印楝树中提取出来的印楝素，最近，由昆明植物研究所提供科技支撑的印楝素产业化生产取得重大突破，印楝素是从印楝树种子里提取的一种生物杀虫剂，可防治200多种农、林、仓储和卫生害虫，是世界公认的广谱、高效、低毒、易降解、无残留的杀虫剂。目前，全世界已有近20个国家对印楝素进行研究、开发和利用。印楝树在我国云南、广东和海南省均适宜种植，云南省在元谋县引种栽培成功后，经大面积推广种植，已成为目前世界上人工种植印楝纯林面积最大的地区，并将成为我国印楝生物农药原料的潜在中心产区。科技人员开发出来的印楝素产品经对甘蓝、苹果、西瓜、西红柿、菜豆等作物上的害虫所进行的3 000多亩田间试验防治证明，防治效果均在85%以上。这种农药在农药分类上叫“拒食剂”农药，言下之意，就是它能明显地抑制昆虫的取食，但“拒食剂”杀虫作用较缓，一般用药3～6天后才出现明显的死虫现象。害虫的取食量随着浓度的增加而逐渐减少，在较高浓度下，害虫只在叶片边际咬出微小的缺，以后则完全不取食，直至饥饿而死。在较低浓度下取食较少，随着饥饿时间的延长，害虫的取食量才逐渐加大。

虽然拒食剂市场前景非常广阔，但从目前来看，昆虫拒食剂还不能构成害虫防治的最后工具，充其量也只不过在某些情况下作为害虫防治的辅助手段，但从需要不断发展新的害虫防治剂方面的观点来看，人们也不能忽略拒食剂巨大的潜力。随着转基因技术的不断发展，也可以利用基因工程手段在植物中导入一些抵抗昆虫危害的“抗虫基因”，从而达到减少害虫危害的目的。这种通过改变植物内部结构的方法也成为植物抵御害虫的另一大法宝。在我国，目前转基因抗虫棉花已经得到普遍种植，有效地防治了棉花大害虫棉铃虫的危害。然而，目前人类缺乏拒食剂的准确作用机制，昆虫生理学以及拒食剂对生态系统的影响等方面的基础知识也不充足。欲使昆虫拒食剂在害虫综合治理中发挥重要作用，还有很多的工作等着我们去做。

（鞠瑞亭）

树中的狮虎兽——东方杉

说到骡子,也许大家都知道,它是我国北方常见的一种身强体壮的牲口,它是驴和马交配所生的杂种,不能生殖。但至于这种杂交,属于什么性质,它有哪些特点,就鲜为人知了。

在生物界,像马和驴这样同科不同属之间的杂交,称之为远缘杂交,如狮子和老虎杂交后代一般称之为"狮虎兽",这种杂交最大的优点是变异大,而且父母的优势能在后代身上充分显现,骡就长得比它的父母更加高大和强壮。但这种杂交由于两个亲本之间进化亲缘关系远,生理生化和形态特征上差异大,引起剧烈的生殖隔离,致使杂交十分困难,一般都不易成功,即使成功了,杂交后代也往往无法长大而夭折,且不能再生育后代。国内外不知有多少科学家为此作了多少努力,但大多都失败了。因此骡的成功,可谓是我国祖先的神奇之举。

然而,令人振奋的是,今天,我们的科学家又创造了一个奇迹,创造了植物界里罕见的"狮虎兽",那就是"东方杉"。这个奇迹是如何创造的呢?

早在 1925 年前后,一批"海外来客"——杉科落羽杉属的落羽杉、池杉和墨西哥落羽杉远涉重洋,来到中国定居。至 1963 年,已长成了亭亭

11 月以后其他杉科树种均已落叶,而东方杉却依然郁郁葱葱。图中淡色为水杉,深色为东方杉

玉立的“姑娘”。而且落羽杉、池杉都已生儿育女，但由于远涉重洋改变了生活环境，墨西哥落羽杉的雌、雄花花期不遇，不能结籽。我国著名的林木育种家叶培忠教授看了十分焦急，决定做一次“月下老人”，于是他为当时南京工学院校园内的一株墨西哥落羽杉“新娘”物色了一个“新郎”——原产我国的杉科柳杉属的柳杉。这对新人同科不同属，形态上差异很大，叶先生用柳杉的花粉对墨西哥落羽杉进行了多次授粉，工夫不负有心人，这对“新人”竟然结出了3枚“爱情之果”，这三枚果球播种后又长出了12株苗，这真是奇迹。叶先生兴奋之余，又在选优的基础上几经扦插选育，到1972年共培育种苗6 000余株，形成了这一杉科属间杂交新树种的群体。“孩子”多了，叶培忠先生决定让它们分布到全国各地去经风雨、见世面，也就是让它们到各种环境下作适应性生长试验，但由于当时人们不熟悉这一新树种，再加上它的优良种性在早期未能得以表现，因此备受冷落。

所幸的是，上海市园林及农业系统的苗圃有该树种280余株，在上海市林业总站研究员叶增基先生和其他有关科技人员的精心呵护和常年跟踪培育下，顽强地活了下来，不但茁壮成长，还繁殖了一批种苗分种在上海的金山、松江、川沙、嘉定等区和江苏太仓、镇江等地区。其中树龄最长的达30年，而在川沙林场已经形成了一个树龄20余年，规模达2 000多株的林地，这是世界上最大的一块东方杉林地，已被列为上海市种质资源林。

“墨西哥落羽杉”是一位“西方姑娘”，来到东方——龙的故乡，嫁给“东方小伙子”；在南京繁殖了后代，又在上海长大了，这是我国拥有自主知识产权的新树种，它应该有自己的名字，几经酝酿，叶增基在征求诸多专家、学者意见的基础上，为之起名“东方杉”。

几十年的生长历程证明东方杉这一林业的“后起之秀”具有随遇而安的品性，在各种环境条件下均能良好生长。首先，它不怕台风和盐碱。在金山滨海公园生长的东方杉，虽然生长的地方原为晒盐场，含盐量高达3.96‰，但它仍能生长；川沙林场地处长江和东海交汇处，常常遭受台风侵袭，这里的土壤碱性重，pH值高达8.6，然而2 000多株东方杉仍然长势旺盛，屹然挺立；其次它不怕水涝，当年种植在松江新桥的几十棵东方杉，由于河堤塌方，在河水中浸泡了十多年，依然长势喜人，其胸径甚至超过了岸上同年的姐妹。该树还具有形态优美、基本不落叶的优良习性。另外，东方杉不仅生长速度快，而且还能净化空气，据测试，东方杉林每立方厘米空气中负离子数高达1 050个，每立方米空气中含菌量仅为3 270个，因此更能适应和满足城市环境的需求。

（叶增基　竺唯杰）

世界上第一朵花在哪里

100多年前，生物学家查理·达尔文向整个人类揭示了生命的进化历程。根据他的观点，高等的生物都是从低等的生物逐渐进化而来的。这个过程，可以从化石标本中得到验证。许多生物有着介于低等和高等之间的一系列形态结构变化的化石。根据其他证据，现存的被子植物，即绿色开花植物，是由较低级的不开花植物进化而来的。然而在他年过六旬以后，还在为没有找到原始的开花植物感到烦恼。根据当时的化石资料，他发现，在距离我们1.1亿年左右的史前时代，花朵已经遍布世界，而且有了非常多的种类。但如果再往前追溯，这些会开花的植物，就一下子神秘地失踪了。人们找不到它们的祖先，更无从获知这个家族快速壮大的线索。要是找不到它们演化的证据，这将完全违背达尔文自己提出的关于物种逐渐进化的观点。他在给朋友的信中，把这个无法解释的现象称为“讨厌之谜”。几年以后，这个生物进化论的开创者去世了。他把“讨厌之谜”和无数辉煌的成就一起，留给了后世。

一个多世纪来，各国的科学家都在苦苦寻找这最早的花朵，但是仍旧一无所获。但与此同时，研究植物亲缘关系的植物系统学则取得了很大的进展，科学家们利用各种线索给已知的植物排列“家谱”。但是由于缺少被子植物原始祖先的化石，就形成了各种各样的学说、假设，一时间也难以达成共识。

直到20世纪80年代，美国科学家布莱纳教授在以色列发现了距今有1亿3千万年的被子植物花粉化石。20世纪90年代，中国科学家孙革教授在辽宁鸡西，也发现了1亿3千万年的被子植物的化石标本。通过对其花粉的研究，发现竟然与以色列的花粉是一样的，是同一类植物。然而孙革却隐约感到，就在这个巧合中，隐藏着一个巨大的疑问：在古老的亚洲大陆上，鸡西和以色列一东一西，相隔数千千米，如果同一种花能在这两地同时出现，那么在此以前，它必定已经经历了一个漫长的传播过程，就在某一个地方，还有比这更古老的花没有被发现。

1997年，孙革先后在辽宁北票市上园镇发现8块被子古生物化石，经与美国科学家迪尔切院士合作研究，认定为被子植物，命名为“辽宁古果”。1998年11月美国《科学》杂志以封面文章《追索最早的花——中国东北侏罗纪被子植物：古果》发表了此项成果。由于北票上园镇地层属于义县组地层，是距今1.45亿年的晚侏罗纪，按此地质年代定论，辽宁古果较鸡西的标本时代早1 500万年，因此被认为是世界上最古老的被子植物，国际学术界称之为“迄今发现的惟一有确切证据的、世界上最早的花”。

2002年，孙革及其课题组在我国辽西又新发现了“辽宁古果”完整的生殖器官，还发现了一个新种“中华古果”的完整植株。中华古果与辽宁古果非常相像，它们都具有心皮在枝轴上呈螺旋状着生、雄蕊成对排列、叶子细小深裂等主要特性，但在蓇果、雄蕊和叶子大小、疏密上，又有明显差别。经过仔细研究后，以《古果科——一个基本被子植物的新科》为题，再次在2002年5月的美国《科学》杂志上以封面文章发表。认为这个新建立的古果科是被子植物迄今最基本的类群，是现今300 000种被子植物的共同祖先。

研究表明，辽宁古果和中华古果的茎纤弱，叶子细而深裂，叶柄膨突，显示了水生草本植物的特性。从它们雄蕊成对着生等特征分析，表明它很可能起源于更古老的已灭绝了的种子蕨类植物。而现在比较流行的假说，认为被子植物的祖先是古老的裸子植物，是一群陆生的木本植物。得到广泛认同的被子植物系统排列，就是基于这个假说之上的。如果古果科真是被子植物的祖先，那对被子植物系统学研究将会有革命性的影响。

但是，也有科学家对此提出异议。1998年以来，中国科学院古脊椎动物与古人类研究所汪筱林博士等与美国加州伯克利地质年代中心的卡尔·斯维舍博士合作，两次对义县组地层进行同位素测定，都显示为早白垩纪。根据这两次测定，辽宁古果和中华古果的地质年代在1.25亿年前，这是国际学术界公认的被子植物已经出现的时间。这样，辽宁古果和中华古果就不是什么世界上最古老的被子植物了，而只是进化过程中，已经灭绝了的古代被子植物。

无论如何，揭开达尔文的“讨厌之谜”已经前进了一大步。不过谁是世界上的第一朵花，却仍然等待着我们去寻找，去确认。

（秦祥堃）

马兜铃的花为何像只大喇叭

夏秋季节我们可以在野外看到正在开花的马兜铃，形状活像一只小型的大喇叭，不少体长仅有 2～3 mm，它的花是绿褐色的，只有 3～4 cm 长，但常常可以见到在它的喇叭口上有小小的苍蝇在飞舞、爬行，它们的体长仅有 2～3 mm，不一会儿它们就往喇叭管里钻进去了，喇叭管的内壁四周密密麻麻地长着许多刺毛，小蝇却义无反顾地使劲往里钻，因为它已闻到了里面透出浓浓的腐肉“香气”，当它爬进下面膨大的部分时，空间突然开阔了，再也没有许多肉质的刺毛限制它舒展六肢与双翅了，于是它就在里面快乐地寻找食物，同时把身上沾着从另一朵花上带来的花粉涂在花心部位突起的 6 个淡黄色的柱头上(实际上完成了给马兜铃传粉的作用)，当它吃饱了，想出去的时候才发现刚才进来的口部被肉质的刺毛堵住了，毛的方向是向下的，刚才爬进来时，是顺着毛的方向进来的，现在要逆向地爬出去，是根本不可能的，小蝇被关在这个“笼子”里受禁闭了。这时候它还在不停地到处转悠。

柱头接受了小蝇带来的花粉，花心部分产生了两个变化：其一是柱头很快就萎缩了，因为花粉已经萌发出花粉管向子房内的胚珠伸去，柱头已失去再度接受花粉的作用。其二是贴在柱头下方的花药成熟并开裂了，当小蝇碰到这些花药时，身体上就沾上了不少花粉，当花药开裂花粉被带走时，喇叭管内壁上的肉质刺毛就全部萎缩了，这给小蝇开了一条出去的通道，于是小蝇便背负着这朵花的花粉，顺利地爬出喇叭管，结束了禁闭一天的生活，回到大自然中。

但是，这只刚刚获得自由的小蝇，飞不多久便又看中了当天刚刚开放的另一朵马兜铃花，在喇叭口上转了几圈以后便又自投罗网，再次主动地接受禁闭的生活了，那么为什么小蝇十分喜欢钻进花朵里去呢？原来马兜铃和小蝇是地球历史上协同进化而来的一对伙伴，小蝇在马兜铃的一生中扮演了极其重要的、不可或缺的传粉者的角色，没有其他昆虫可以代替它为马兜铃传粉，也就是说马兜铃要是没有了小蝇的传粉就将“断子绝孙”，但是小蝇要是没有了马兜铃，它照样可以去吃其他的腐败有机物，并在那里交配、繁衍，给马兜铃传粉只是顺路捎带的行为。

由于传粉作用对马兜铃是如此的重要，因而在它的形态结构上有了一系列的适应性特征，这些特征归纳起来就是有利于异花传粉的成功，如

花被管（喇叭管）内长满肉质的刺毛，使得这个通道在花药尚未开裂、花粉尚未涂到小蝇身上之前，只能进不能出。花被管的基部膨大，为小蝇提供了一个可以转悠的空间，有利于把身上的花粉涂在柱头上。马兜铃将子房下位的传粉空间和结实空间隔开，这样就能更好地保护幼嫩的胚珠不受伤害。再有雌蕊先熟，雄蕊在雌蕊萎缩后成熟，这样就保证了小蝇从另一朵花带来的花粉先传给这朵花，避免了自花传粉，保证了异花传粉，也就是保证了马兜铃种内的基因交流，使后代更加强健等等复杂的巧妙构造。马兜铃花开过以后，花被、雌蕊、雄蕊都脱落，子房部分都急剧膨大，形成一个球形的果实，到了12月份，果实便在攀附的枝条高处开裂成兜状，里面装满了薄片状的种子，种子四周还镶着薄薄的翅，在风力的推动下飘向四处，完成种子的散布作用。

由此看来，马兜铃确实是大自然精妙的造化，它不单有一系列的适合于传粉者的精巧的结构、有适于风力传播的挂在高处的兜状果实和具翅的种子，在时间配合上也有独到之处。

的确，生命奥秘的不断揭示使大家不断地受到鼓舞，现在我们对生命本质的了解只是皮毛，仅仅是在探索，一步一步解开其中的奥秘。仅以植物而言，当前的高新技术还一时无法模拟所有的植物皆具备的基本的功能——光合作用。这可是在常温、常压下把无机物变成各种各样有机物的极其复杂、极其伟大的生物物理和生物化学作用。对于马兜铃精巧的形态、结构，开花过程中时间、空间调节的基因调控更是含有人们从未涉足的高深学问在里头。

（马炜梁）

广玉兰

广玉兰与玉兰

在我国南方城市中，有不少漂亮的玉兰树，特别令人青睐的是广玉兰，也叫“洋玉兰”，因为它原产于北美地区，在多瑙河流域和密西西比河一带。它长成大树以后，叶子茂盛，树叶墨绿，经冬不凋，尤其树身高大，使人们在冬天中丝毫感觉不到严冬之肃杀。一到六月里，它盛开着大批白色犹如大荷花那样的花，有些人说它的花有小盘子那样大，芳香郁馥，香味有些像柠檬，是城市行道树及庭院树木中的佼佼者。

不少园林专家曾仔细研究过，它的开花有独到之处：广玉兰的花在晚上多数呈半开半闭状态，也有全部关闭的，但它花内的温度会上升，花心里的温度要比外面高10 ℃左右，因为花朵在长大时，花的呼吸作用在加强，生理代谢变得旺盛。也有些科学家认为，花内温度上升有利于夜间昆虫找到藏身之地。

广玉兰是一种很古老的植物，在世界许多地方生长过，不少地方还有其化石，在远古时代，开花植物不像现代植物占有主要地位，而多数为孢子植物和针叶植物。

和广玉兰相似的玉兰，在我国也有广泛的分布，这就是白玉兰和紫玉兰，花形如玉，在早春二月先开花后长叶，盛开时满树银花，冰莹玉洁，如雪山琼岛。这种玉兰花被评为上海市市花——白玉兰，是木兰科落叶小乔木，树不及广玉兰高，它在唐代就被种植于园林中。白玉兰还有一位堂姐妹是开紫色的紫玉兰，也叫木兰，紫玉兰目前已为数不多了，据资料记载：在北京颐和园乐寿堂院内倒是还有一株树龄达2 000年的紫玉兰，为清代乾隆年代“清漪园”的遗物。现在在湘西的一些原始林海中还可看到

漂亮的红花玉兰，它树高 20～30 米，胸径大得两人围不拢，花开粉红色，花径竟有 20 厘米，有趣的是这种玉兰树不能移到他处种植，否则种不活，也不开花。

（邹志星）

长寿树王

19 世纪初的一天,一位西方探险家来到了位于非洲西北海岸的加那利群岛,他是专程前来考察岛上植物资源的。

加那利群岛是古代火山爆发以后才形成的,温暖湿润的气候和遍布岛上的肥沃火山灰,孕育出了郁郁葱葱的森林植被。

探险家在某一个岛上发现了一棵被风刮断的巨树,树的高度已经超过了 18 米,最粗处的直径也超过了 5 米,可惜在离地面三四米处被风吹折,斜斜地倚靠在地上。

看到大树的灰白色树皮和坚硬似带的叶子,探险家心中很是吃惊:这不是龙血树吗? 那么大的龙血树被狂风吹断了,实在是太可惜了! 他仔仔细细地打量眼前这棵不幸的龙血树,发现它的年龄已超过了 8 000 岁!

探险家将观察所得写进了自己的著作,这本书出版了,于是很多人都知道,加那利群岛上发现一棵 8 000 多岁的树王。这位探险家后来成了著名的科学家,以他的名字命名的大学如今还耸立在德国首都柏林的东部。他就是后来成为创立地理学的先驱、德国的自然科学家——亚历山大·冯·洪堡。洪堡所说的龙血树,属百合科龙血树属,全世界共有 40 多种,分布于亚洲和非洲的热带和亚热带地区。我国共有 5 种龙血树,它们分别是剑叶龙血树、海南龙血树、长花龙血树、细枝龙血树和矮龙血树。其中,海南龙血树和长花龙血树只分布在我国的海南省。

早在地质年代的白垩纪,地球上就出现了龙血树,很多人将龙血树称作是“活化石”。如今,龙血树主要生长在海拔 60～1 300 米的林中或石山上,树高达 10～20 米。主干很壮,直径可达 1 米以上。树的上部分枝较多,整棵树远看呈“Y”形。

龙血树的叶子呈灰白色,它们就像一把把小剑密密麻麻插在树枝的顶端。3～5 月,龙血树开出绿白色或淡黄色的花,6～8 月,结出橙黄色的浆果。

龙血树的生长十分缓慢,几百年才长成一棵树,几十年才开一次花,因此,显得十分稀有和珍贵。它们虽属单子叶植物,但因茎中的薄壁细胞能不断地分裂,因而茎每年都能加粗。

龙血树的树形优美,可作风景树,也可用来布置客厅和宾馆。更使人兴奋的是,龙血树的树皮、树叶和枝条都可以用来提取中药,可起止血的作用,并用于治疗肿瘤。龙血树的树皮如果被刀割破,便会流出深红色的树汁,这种树汁很黏,被称为“龙血”或“血竭”。1 500 多年以前,中国人就开始用血竭治病。血竭被称为“云南红药”,能止血、活血和补血,既可治疗因内、外伤导致的出血,也可治疗尿路感染、便秘、腹泻、胃痛、跌打损伤、心慌、心跳等症。

1972 年,我国云南省热带植物研究所的科研人员在著名植物学家蔡希陶教授的带领下,终于在西双版纳及其附近的孟连地区发现了剑叶龙血树。这种龙血树生活在石灰岩地区,根扎得很深,可长到 10 多米高,树皮厚且发白,表面布有密密的纵纹。分枝很多。叶子很硬,呈暗绿色。

最重要的是,剑叶龙血树的树皮被割破也能流出血竭,而且成分与其他生长在国外龙血树所产的血竭成分基本一致。因此,有了剑叶龙血树,就完全可以在云南生产“云南红药”。蔡教授和其他植物学家的发现填补了国内的空白,一时间引起了轰动。但正因为龙血树价值不菲,有不少人动起了它们的脑筋。比如,以往在海南省的儋州、东方、三亚、乐东和昌江等地,小道两旁到处都是龙血树的身影。如今,龙血树越来越少,好不容易才能找到一棵。眼下,这种现象已经引起有关方面的注意,剑叶龙血树和小花龙血树已经被列入国家三级保护植物名单。

2004 年 8 月份,海南省林业局的调查人员又在昌江黎族自治县境内发现了上万亩野生龙血树,在那里,树龄上千年、成人双臂抱不拢的龙血树到处都是。鉴于龙血树的珍贵和当地的盗伐行为严重,有关专家认为,应尽快设立龙血树的自然保护区对龙血树进行保护,并在植物园和苗圃中栽培龙血树。

继亚历山大·冯·洪堡之后,有一位名叫皮特尔的植物学家也到了加那利群岛,对那棵被风吹折的大龙血树进行了测量。经过种种推断,皮特尔认为,大龙血树的寿命很可能不到 8 000 岁,大概也就在 6 000 岁上下。

不管怎么说,龙血树的寿命已经是很惊人的了。被子植物中,苹果树的寿命在 200 年以下;柳树和葡萄树则能活 150 年;梨树稍长一些,能活 300 年;核桃树能活上 300～400 年;榆树能活 500 年;樟树能活 800 年以上。裸子植物的寿命稍长一些,比如,松树能活 1 000 年以上;雪松能活 2 000 年;柏树的寿命约为 3 000 年;银杏的寿命更长一些,能活 3 000 年以上;红桧能活 4 000 年以上。龙血树无疑是所有植物中最长寿的。

(张小林)

箭毒木

箭毒木，又叫见血封喉、剪刀树，毒性之烈非比寻常。生活在我国云南、广东、海南、广西等少数地区，以及东南亚和印度。

箭毒木生长在海拔1 000米以下的树林中，是一种常绿阔叶树，胸径可以达到1.5米。树皮呈灰白色，并不开裂。箭毒木的树木粗壮高大，基部生有粗大的板状根，树冠非常浓密，幼嫩的枝叶上生有许多胡须般的长毛，叶子很大，叶面粗糙。

春夏之际，是箭毒木的开花季节。箭毒木的雌花和雄花长在同一棵树上。雄花密生在叶腋里肉质的盘状花序托上，而雌花则单独生在梨形的花序托里。

到了秋季，箭毒木结出了卵状的红色果实，这种果实长约1.8厘米，成熟以后变成紫黑色，味道极苦而且含有毒素，是绝对不能食用的。

箭毒木之所以有毒，是因为它们的白色树汁中含有剧毒的弩箭子苷、见血封喉苷、铃兰毒醇苷、伊夫草苷和马来欧苷。当这种有毒的白色树汁从伤口进入人体之后，就会使肌肉变得松弛，血液凝固，心跳减缓，最后因心跳停止而导致死亡。

如果有人不小心将白色树汁吞入口中也会导致心脏麻痹，吞入的量过多，则会导致心跳停止。即使因不小心而使树汁溅入眼中，眼睛也有可能失明。

箭毒木的树汁是如此之毒，因此不少人使用它来打猎、杀敌，甚至处决犯人。

在云南的西双版纳，傣族猎手常将箭毒木的白色树汁涂在箭头上，无论多么凶猛的野兽，只要被射中了，只跳几下就会倒地死去，所以，当地人称箭毒木为“光三水”，即跳三下就会死去的意思。

19世纪中期，英国殖民者进犯

马来半岛,自恃武器精良的殖民者满以为很轻松就能把土著居民打得落花流水,没想到,在好几个地方他们都遇到了当地人涂上箭毒木汁液的箭矢的袭击,结果,凡是被射中的人都很快死去,殖民者遭到了很大的损失。

两个世纪以前,相传在印度尼西亚的爪哇岛上,一位酋长为了试验箭毒木树汁的毒性,竟用涂了白色树汁的针去扎囚徒的胸部,不一会儿,囚徒就抽搐着死去了。

箭毒木的毒性是那么的剧烈,以至于箭毒木成为人见人怕的毒树。但人们发现,箭毒木虽然有毒,由于这种树的树皮极厚,纤维又多,而且纤维柔软而富有弹性,居住在西双版纳的各族人民常将箭毒木砍下浸入水中,待毒液去除以后就剥下箭毒木的树皮,将其捶松,晒干,用来做床上的褥垫,睡在上面十分舒服,哪怕睡上几十年也不会睡烂。

专家们认为,箭毒木的汁液中主要是强心苷在起作用,如果将剂量减到一定的程度,强心苷就能成为救命的良药。他们还认为,在不同的环境中,不同的箭毒木个体内弩箭子苷、见血封喉苷、铃兰毒苷等强心苷的含量也可能有所不同。

2004 年 3 月,在广东省湛江市坡头区附近的农场中,有人发现了一棵古老的箭毒木,这棵箭毒木树高 30 多米,树干的胸围有 6 米多,需要几个成年人才能合抱,估计树龄在 600 年以上。当地村民早已将这棵箭毒木当作风水宝树,而且他们认为这棵箭毒木并不像传闻中那样可怕,因为它的果实很甜,很多人都吃过它,而且都没有中毒。

为了测试这棵见血封喉的毒性,研究人员将箭毒木树汁涂在鸡和鸭的伤口上,结果 3 个小时以后鸡和鸭仍旧活蹦乱跳。于是,研究人员抽取了 5 毫升箭毒木的树汁,并将其注入鸡的体内,结果这只鸡过了 40 分钟以后才死去。

箭毒木虽然有毒,但向森林进逼的人类为了自己的需要,仍不怕中毒,不断地砍伐这种珍贵的树种。因此,箭毒木的数目已经越来越少,成为濒临灭绝的树种,被国家列入了三级保护植物的名单。

最近,有人在广东省雷州市雷城镇的上坡南村边上的原始森林中发现了 12 棵箭毒木,其中最大的一棵高 23.5 米,胸围有 5.85 米,树冠的占地面积约有 300 平方米,估计树龄在 200 年以上。有关方面已经建议将其迅速保护起来。

但愿大家都能意识到植物对于人类的重要性,让箭毒木和其他植物都能够顺利地生存下去,让我们的后代还能够看到一个多姿多彩的世界。

(张小林)

革命菜和马齿苋

在我国海南省的长泰村，一棵盘根错节、浓郁蔽地的大榕树旁，坐落着一幢普普通通的农家小屋，这里便是中国人民解放军琼崖纵队创始人冯白驹将军的故居。

冯将军领导着琼崖纵队的队员们进行了长达23年的革命斗争，在最困难的时候，他们靠着一种名叫革命菜的小草度过了饥荒，最终取得了革命斗争的胜利。

革命菜是什么？它为何具有如此神奇的作用？

生物学家告诉我们，革命菜又叫野茼蒿、冬风菜、青蒿、神仙菜、安南草等，属于菊科植物，为一年生的草本植物。革命菜茎直立，光滑，高20～100厘米，生有纵向的条纹。叶互生，膜质，呈矩圆状椭圆形，长7～12厘米，宽4～5厘米，顶端渐尖，基部呈楔形，边缘有锯齿。

革命菜的故乡原在南美洲，因为人类的活动，它被带到了印度尼西亚，接着又辗转来到中国。如今，除了在海南岛上可以见到革命菜，在我国的其他地区，如台湾省、江西省、湖南省、广西壮族自治区、广东省和云南省海拔1 500米以下的荒地、路旁、林下和沟边也都能见到革命菜。革命菜为什么能帮助人们度过饥荒呢？经过研究，每100克革命菜就含有3.6毫克胡萝卜素，0.27毫克维生素B_2和56毫克维生素C。如此看来，靠它能度饥荒也就毫不稀奇了。

在我国海南岛地区，革命菜一年四季都能开花，它开的是菊科植物常开的那种头状花序，粉红色，样子很好看。每年的春天、夏天和秋天，人们会将革命菜的嫩叶、嫩茎摘下来，用油炒了以后食用。它入口极滑，味道极鲜、极美，堪称野菜中的极品。

有人认为，革命菜身上有一股臭味，其实那只是一种误解。吃革命菜吃的就是那股味儿，吃了以后管保你还想再吃。在崇尚健康食品的今天，野生野长的革命菜既无污染又能养生，因此它们正成为餐桌上的新宠。在海南、广东、广西的一些餐馆里，凉拌野茼蒿、野茼蒿炒肉丝等菜肴正受到热捧。

医生告诉我们，革命菜事实上还是一种极好的中药材。明朝李时珍所著的《本草纲目》中就曾记载革命菜性平，味甘辛，能安心气，养脾胃，消痰饮，利肠胃，具有行气利尿、健脾消肿、清热解毒的功能，可治疗感冒发热、腹痛腹胀、肠炎痢疾、便秘、消化不良、高血压、水肿等病症。

随着绿色蔬菜产业的兴起，和革命菜一样，一种名叫马齿苋的野菜也进入了人们的视野。

马齿苋又叫长寿菜、地马子菜、马蚊子菜等，属马齿苋科，全身无毛，叶片对生或近似对生，叶面暗绿，叶背暗红，叶柄极短，通常匍匐在地面，花期为 6～9 月，果期则为7～10 月，为一年生的肉质草本植物。

马齿苋的叶形似马齿，性“滑利如苋”，因叶青、梗赤、花黄、根白、子黑，又名五行草。马齿苋原产于印度，现已传播到世界各地，广泛分布于温带和热带地区。在我国，除高寒地区以外，几乎所有地区都能找到它们的踪迹。

很久以前，我们的前人就将马齿苋的嫩茎叶当作蔬菜食用，例如南朝的学者陶弘景就介绍马齿苋可炒，可煲，可煮粥，也可炒肉。

马齿苋的营养价值极高，据分析，每 100 克马齿苋含有 2.3 克蛋白质、0.5 克脂肪、3 克碳水化合物、0.7 克纤维素、2.23 克胡萝卜素，大量的维生素以及钙、磷、铁、钾、镁、锰、锌、铜等无机盐，多种氨基酸和有机酸。

令人振奋的是，马齿苋还含有香豆素、黄酮、强心苷、蒽等能促进人体健康的有益成分，因此，马齿苋绝对是一种绿色保健菜肴。

医学研究还表明，马齿苋是一味良药。马齿苋全株都含有浓度较高的去甲肾上腺素，具有降低血糖浓度、治疗糖尿病的作用。马齿苋的浸出液具有较强的抑制细菌的作用，可以杀灭痢疾杆菌、伤寒杆菌、大肠杆菌，治疗肠炎和菌痢。马齿苋还能够起到帮助血管收缩、兴奋子宫平滑肌的作用。马齿苋中含有一种脂肪酸，可使细胞内的前列腺素、血管收缩剂增加，因而能使心肌兴奋，抑制和清除血清中的胆固醇和甘油三酯，起到保护心脏的作用。

中医认为，马齿苋可明目，它性寒，味酸，润大肠、肝经，主要用于治疗热毒或湿热痢，也常用于治疗热毒疮病和妇科血症，将马齿苋炒干、研成粉末、调蜜外敷可以治疗溃疡、疖肿等。

马齿苋的适应能力很强，它不仅茎肉质多汁，叶也肉质多汁，故可贮藏水分，既耐热，也能耐旱。即使气温升到 40 ℃，马齿苋照样能够生长。即使失水 3～4 天，遇水以后也能复活。因此，如果你想栽种马齿苋，管理上可以粗放一些。

采摘马齿苋，一般可选在每年 4 月马齿苋开花以前进行。摘下的马齿苋应去除须根，摒去杂质，放在开水中烫软以后再用清水洗 1～2 次，除去酸味和黏液，切细以后再用蒜泥和麻油凉拌，入口极为鲜美，但可能感到有些酸酸的。有人将马齿苋剁碎，放上葱花和盐后拌入面粉，摊成饼或蒸成发糕，味道一样很不错。

待马齿苋开出黄花或结出蒴果后，可将马齿苋采来用开水烫过，晒干后贮藏起来，那就是一种很好的冬菜。如用马齿苋干来烧腊肉或将它泡发以后和上肉馅包馄饨，鲜美的味道必定会让人齿颊留香，三日不退哩。

革命菜、马齿苋或其他形形色色的野菜，这些绿色食品在崇尚自然、崇尚健康的今天，越来越受到人们的青睐。

（张小林）

马齿苋

采食野菜要注意的问题

(1) 生长在公路边的野菜容易受到汽车尾气和生活污水的污染，不宜采食。生长在化工厂附近的野菜因排放的废水中有毒物质含量较高，也不要采摘。

(2) 自已不是很熟悉的野菜不要盲目采食，以免引起食物中毒。

(3) 野菜能吸附空气中的尘埃和固体悬浮物，再加上春季是虫卵复生的季节，因此建议吃野菜时一定要清洗干净，煮熟再吃。

(4) 野菜多为寒凉性，脾胃虚弱者食用极易引起消化不良，甚至引发腹痛、腹泻等症状。即使是正常体质的人，也不宜多食。

植物的化学武器

十几年以前，我国北方某省的一个林业站为了推广果树的混栽技术，在山坡上开辟了两片试验林。在一片试验林中，人们将核桃树和苹果树种在了一起。在另一片试验林中他们又将桃树和苹果树种在一起。结果，与核桃树种在一起的苹果树从第五年起就开始陆续死亡。到了第十年，苹果树的死亡率竟高达70%！而与桃树栽在一起的苹果树种下后七年还不能结果。就在林业站做试验的同时，一些果农也在试验林外栽树，结果，凡将梨树和桃树混栽的，不是梨树长得不好，就是桃树显得病恹恹的。

一些植物学家听说此事后纷纷前去调查，经过一番仔细分析，他们才发现这一切居然都是植物之间的争斗所造成的。原来，在大自然中，为了争夺阳光、肥料和空间，植物之间往往会爆发残酷的战斗，这种战斗会导致战败者受伤或死亡。在这些战斗中，核桃树常常充当强者的角色，这是因为，核桃树的树叶会分泌出胡桃醌，而胡桃醌散布在空气中对别的植物是非常有害的。一旦下雨，胡桃醌还会被雨水冲到地上，渗入土中，使其他植物的根细胞中毒而死。对于包括苹果树在内的其他植物而言，胡桃醌就是一种化学武器，它的威力实在是太大了。

和核桃树一样霸道的还有一种名叫高山牛鞭草的禾本科小草，它的个子虽矮，但根部却能分泌出一种醛类物质。这种物质渗入土中会影响绿豆根细胞的生理活动，使绿豆的生长速度变慢，根瘤也明显变小。令人想不到的是，就连平时看上去文文静静的榆树也会使用化学武器，如果将榆树种在栎树旁，榆树的分泌物就会使栎树整天郁郁寡欢，最终因衰弱而死。植物生理学家告诉我们，最喜欢使用化学武器的还有苦苣菜，别看它个子小，生活在它周围的那些高大植物的日子绝对不好过。据科学家不完全的统计，不宜种在一起的植物冤家还有接骨木和松树、梨树和柏树、烟草和桑树、小麦和芥菜、马铃薯和番瓜、水仙和铃兰、豌豆和洋葱、高粱和芝麻……

与核桃树相比，生活在美国加利福尼亚的白叶鼠尾草的本领丝毫不逊色，它们在生长的时候能散发一种叫单萜的无色有机物，单萜有香气，能抑制其他植物的呼吸活动，被土壤吸附后还能限制其他植物种子的萌发。有白叶鼠尾草生长的地方，其他植物就很难生存。与白叶鼠尾草不相上下的还有加拿大洋槐,它们的树皮能挥发出一种物质,这种物质能杀死周围的杂草,使洋槐的周围寸草不生。

植物化学武器的种类很多,而且它们几乎都是有机物,属于酸类的有香草酸、肉桂酸、乙酸和氢氰酸等,属于生物碱类的有奎宁、丹宁、小檗碱、核酸和嘌呤等,属于醌类的则有胡桃醌、金霉素和四环素等,属于硫化物的有萜类、甾类、醛、酮和卟啉等,这些化学武器大多集中在植物的根、茎、叶、花、果实及种子中,随时随地都可以释放出来。

生物学家把由植物产生、对本身生长并无多大关系的物质叫做次生物质。100 多年来,植物学家已经查明了包括单萜在内的 10 000 多种次生物质的化学结构,并进一步设法弄清这些次生物质的生物合成过程,他们认为次生物质实际上是植物对付复杂环境的一种有力武器。有些植物合成的次生物质含单宁、生物碱、萜类、甾类或其他有机物。这些化学物质有的发苦,有的会毒害神经、有效地防止食草动物对植物的伤害,有的还会抑制其他植物的生长。例如,大麦根部能分泌芦竹碱和大麦芽碱,胡桃叶能合成胡桃醌,这些物质都能抑制其他植物的生长。

动物学家发现,植物的次生物质还能帮助动物渡过难关。如有一类植物能分泌有毒的强心苷,斑蝶在它的叶片上产卵,卵孵化成幼虫,长成成虫,体内已积累了大量强心苷,而鸟类不愿吃含有强心苷的虫子。这样,幼虫便得以保留下来。自 20 世纪 60 年代科学家从未成熟的豌豆荚中提取出豌豆素(一种植物防卫素)起,人们已经从 17 个科共 200 多种植物的次生物质中提取出植物防卫素。平时,植物并不合成植物防卫素,当病原菌入侵或植物表面受伤时,有抗病能力的植株在数小时内就迅速合成防卫素。

植物的次生物质对于其他植物未必都是不利的。例如,棉花、小麦的根系分泌物能促进豆科植物根瘤菌的生长,而且,春小麦的分泌物能抑制蚕豆细菌病的发展,所以种植棉花、小麦以后,最好在周围种上豆科植物。大蒜和洋葱的体内含有一种杀菌素,若把它们和大白菜、卷心菜种在一起,就可以抵御细菌的侵袭。蓖麻发出的气味能使大豆的害虫不敢靠近,所以在大豆的旁边种蓖麻是十分合适的。大蒜和洋葱会分泌杀菌素,这种杀菌素可以抵御细菌的侵袭。所以,将大白菜和卷心菜种在大蒜和洋葱旁边也是不错的想法。

植物的次生物质还可以制成污染小或无污染、对害虫毒性大,但对高等生物毒性小的生物农药,用这种农药来防治害虫对环境污染小但效果却比较显著。据不完全统计,目前科学家已经发现 1 100 余种对昆虫生长有抑制、干扰作用的植物次生物质,这些物质均能使害虫表现出拒食、驱避的现象，有的甚至能直接杀死害虫。含有这些次生物质的植物都可以被加工成生物农药。

植物学家从楝科植物的体内提取出一种叫四环三萜的物质，这种物质可以直接破坏昆虫的表皮组织，使得昆虫的身体发生溃烂，最终一命呜呼。除了楝科植物，人们还从雷公藤、苦皮藤、除虫菊和黄杜鹃等植物中分离出效果明显的生物农药。我们完全有理由相信，只要继续深入研究，越来越多的生物农药一定会源源不断地被制造出来。

（张小林）

核桃树

植物的“第六感”

随着全球工业化进程的加剧，各种矛盾和问题逐渐显露出来，其中最让人们关注和担忧的问题可能就属环境污染问题了，大量的废气排放于大气中，污水倾注于江河湖海，人类自己正在给自己制造着灾难。实施环境保护战略，治理环境污染已经引起了各国政府的普遍重视，那么，采取怎样的措施来监测我们周围的环境，让人们能够直观地感觉到污染的存在以及污染程度呢？科学技术的发展，为环境监测提供了有效的手段。科学家们研究发现，植物具有监测环境的超能力，可以作为大气污染报警器发挥其作用。这听起来好像有些奇妙，难道植物也和人一样有“第六感”，敏感于周围的事物并做出反应？

植物不同于动物，不能逃避或者躲开它不想呆的地方，遇到大气污染，它们所采用的是一种富有牺牲精神的方式，会发出各种“信号”来警示人们周围环境污染的程度与范围。这些信号有些是肉眼可见的，比如在叶片上产生伤斑，如唐菖蒲只要空气中氟化氢含量在百万分之零点零零一时，叶片的边缘和尖端就会产生带状伤斑，逐渐黑化；遇到氯气污染，月季、百日草以及秋海棠类植物会在叶脉间出现白色斑点然后落叶。此外，植物还会以内部生理代谢过程改变以及某些成分含量的变化等，作为对应外界污染的反应，表现出蒸腾速率下降、呼吸速率加强以及叶绿素含量减少、光合作用减弱等。

不同的植物可以监测不同的污染源，尤其值得注意的是许多还是我们常见的绿化观赏植物呢。比如波斯菊、紫苏、枫杨、雪松、木棉等监测环境中的二氧化硫；油松、落叶松、百日草等监测氯气及氯化氢；牡丹、矮牵牛、丁香、女贞、梓树等监测臭氧。栽种这些植物，不但可以达到监测环境的目的，而且也美化了环境，给我们带来清新、舒适的感觉，真是一举两得。

且不要小看植物的本领，它们对环境的检测能力有时甚至比人类发明的机器还要灵敏。像紫花苜蓿，周围环境中二氧化硫浓度在百万分之三左右时，1 小时内就会产生反应表现出受害态，而人只有当二氧化硫浓度达到百万分之五十时才能闻出气味，引起咳嗽和流泪。植物用自己枝叶的损伤甚至枯死作为代价来向人们发出无声的呼吁，告诫人们警惕身边的毒害物。而不同的植物对于不同的气体污染，所产生的反应也有所不同，虽然多数是从叶片开始发生“症状”，但“症状”的形态和位置却大不一样。人们可以根据叶片伤斑的颜色、位置、形状来大致猜测导致污染的来源及程度等。

利用植物监测环境，既方便又灵活，不需要购买昂贵的仪器，在任何时间都可以忠实地提供有用的监测信息，提示人们及时采取治理措施，我国目前已有很多城市和工业污染区都在逐步采纳用植物监测环境的策略。利用植物进行环境监测是一项前途广阔的环保技术，人们正在进行更多的研究。

（田　旗）

紫花苜蓿

紫花苜蓿是世界上栽培最早的牧草。紫花苜蓿系豆科多年生草本植物，一般寿命为 5～7 年，长者可达 25 年。第 2～4 年生长最旺盛，第 5 年以后产量逐年下降。紫花苜蓿喜温暖半干燥气候，生产上一般多 3～5 年。在日平均气温 15 ℃～25 ℃，昼暖夜凉的条件下，最适合紫花苜蓿生长。在华北地区 4～6 月份是紫花苜蓿生长的好季节。紫花苜蓿抗寒性强，可耐－20 ℃的温度。紫花苜蓿根系深，抗旱性强，在年降水量 250～800 毫米、无霜期 100 天以上的地区均可种植。

松鼠尾无性繁殖

千年"铁力木"

在广西壮族自治区龙州县北部,有一片分布于逐卜、武德和上金三乡之间的石灰岩地区。它的面积仅为101平方千米,却分布着3 000多个高低不一的山头,森林的覆盖率高达70%,被公认为是世界上最大的、保存得最好的喀斯特原始地貌。它就是1980年被定为国家级自然保护区的弄岗自然保护区。

弄岗自然保护区的平均海拔为400米,分布着极其丰富的生物资源,光植物就有1 282种,其中最为有名的就是有"铁木"之称的蚬木。

1997年,一条简易公路通到了一棵参天大树跟前,引来了众多的观光者。人们为什么那么想看这棵大树?这棵大树到底有何出奇之处?

这巨树的学名叫蚬木,属椴树科,是一种极为坚硬的植物,它的年龄超过了2 000岁。蚬木的材质奇硬,刀砍不入,斧凿不进,扔在水中马上下沉,连木屑也不能浮于水面。所以可以作为一种特殊的材料用于建筑业、造船业和机械制造业。

蚬木为什么如此坚硬呢?这是因为蚬木生长得比较缓慢,纹理比较细密。此外,蚬木生活在石灰岩中,它能够吸取较多的钙质,当钙质沉积在蚬木的茎干里,就使它变得更加坚硬。由于把根扎在石灰岩的缝隙中,蚬木的年轮长成偏心圆,很像蚬壳的花纹,因而得到蚬木的名字。

蚬木是一种常绿大乔木,树高可达30米以上,胸径为1米以上。树皮灰色,很光滑,到老时则有片状剥落。蚬木的叶子呈厚革质,卵圆形。植株有雌雄之分,开的是聚伞花序,花瓣5片,白色。结的是蒴果,椭圆形,成熟时裂为5个果瓣,每个果瓣内藏1粒种子。

蚬木分布于我国的广西南部、云南东南部和越南北部的石山密林中,20世纪50年代,我国科学家首次在广西南部发现了蚬木。目前,由于数量极为稀少,蚬木已被列入国家二级保护植物的名单。

同样也在南方,一种名叫铁力木的硬木也引起了人们的注意。

和蚬木一样,铁力木也是入水即沉,其重无比,令人难以置信的是铁力木的密度达1.122吨/立方米,这个记录为世界之最,它的密度不仅超过了一般的木材,连所有的硬木都甘拜下风。铁力木也是斧砍不进,它的质地极其致密,纹理细腻,不易变形,既能抗腐蚀,也能抗磨损,是一种适于制造机械、乐器、工艺品的优良用材。

铁力木又叫铁梨木、铁棱木，属藤黄科，是一种高大的乔木，可长到30多米高，生长在云南西双版纳一带海拔1 300米以下的河谷坡地，是中国二级保护植物。在国外，印度、马来西亚、缅甸、泰国、越南、斯里兰卡也有出产。

铁力木树皮光滑，呈灰褐色或暗褐色，树叶呈厚革质，有光泽。

与铁力木齐名的还有铁木，铁木又称格木，也是一种坚硬无比的树木。铁木属豆科，是一种常绿乔木，生有二回羽状复叶，叶片长达20～30厘米。

铁力木的幼枝和子房上密生着黄色的短柔毛，开的花是白色的，结出的荚果长14～16厘米，呈革质，成熟时开裂。

铁力木分布于我国的浙江、福建、台湾和广东、广西一带，国外主要产于越南。

在云南省西双版纳州，有一种叫铁力木的硬木也是非常引人注意的。铁力木又叫黑心树，意思是树干中心发黑的树。铁力木是傣族人民种在房前屋后的薪炭树，凡是薪炭树就要经得起砍，铁力木就有这种特点。种植铁力木就应常砍常生，多砍就多生，少砍就少生。而且，铁力木的材质极适宜做柴火，干燥以后一点就着，火力也旺。

铁力木是一种速生树种，种下去5年以后可长到15米，树干直径在25厘米以上。此时，若在齐胸处砍断，树桩上会萌发几十根枝条，以后每隔3年砍一次，每户人家只要种4棵树就可以解决烧柴问题。

在植物学上铁力木属豆科，最高可达20米，生着偶数羽状复叶，每片小叶长达20～30厘米，开的花大，结的荚果也大。

铁力木既然被称为铁木，这材质自然也就软不了，除了作薪材，还是一种优良的木材，可以制作上好的家具。

（张小林）

“蒙汗药”

曼陀罗又叫洋金花、风茄儿、野麻子、狗核桃、醉心花，而曼陀罗名字本身则是梵语的音译，意思是“悦意花”。

曼陀罗的茎很粗壮，直立，最高可长到 1.5 米，叶片互生，呈卵圆形，边缘有波纹状的浅裂或锯齿。

曼陀罗的花常单生于叶腋处或分枝处，花萼筒形，花大，呈漏斗状，长达 10 厘米。花色有白，有红，有紫。结的蒴果呈卵圆形，直立，表面生有硬刺，果实在成熟时会裂成四瓣，黑褐色的种子呈肾形。

曼陀罗原产于热带和亚热带，在我国主要分布于东南地区和西南地区。而如今，它突然出现在我国的东北地区，人们分析，曼陀罗的种子极有可能是混在其他植物的种子中长途跋涉来到辽宁的。

医学上将曼陀罗当作良药使用，这是因为曼陀罗的花、叶、种子均可入药，味辛性温，主治咳逆气喘、面上生疮、脱肛以及寒湿脚气。

科学家还发现，曼陀罗花含有东莨菪碱、莨菪碱和少量的阿托品，因而具有麻醉作用。但这些化学物质本身含有毒性，服用过量就会中毒。

在很早的时候，我们的祖先就已经知道曼陀罗花具有麻醉作用，因而有人用曼陀罗花和其他药物制出了麻沸散和蒙汗药。前者可用于造福人类，后者可用来谋取财物。比如，三国时期的神医华佗，就用麻沸散替人动手术，因而救了很多人；而一些歹徒则往往让过往客人服用蒙汗药，待客人晕过去，他们便可以掠夺财物。

明朝著名的药物学家李时珍在总结了前人经验的基础上，将制麻醉剂的原料归纳为曼陀罗花和火麻子两种。到了 20 世纪 70 年代，江苏省徐州医学院的科研人员以曼陀罗花为主药，配成了麻醉汤剂，在临床上运用得很广，效果也很好。

李时珍所称的火麻子就是指桑科植物大麻的种子。大麻是一年生草本植物，茎直立，高 1～3 米，表面生有纵沟，密生短短的柔毛。叶子互生，长在下部的叶片有时对生。大麻的叶子呈掌状全裂，裂片有 3～11 片，呈条状披针形或披针形，叶上面长有粗糙的毛，叶下面密被灰白色的毡毛。

大麻开单性花，是雌雄异株的植物，雄株上开黄绿色的圆锥状雄花序，而雌株上则从叶腋中开出丛生的绿色雌花。

大麻原产于亚洲的中部，是人类最早种植的植物之一，它们的足迹现

曼陀罗

在已经遍及全世界。

大麻的变种很多，其中最臭名昭著的是印度大麻。印度大麻矮小，分枝多，被居心不良者加工成毒品。

而在中国，大麻是最早被我们的祖先种植并利用其纤维织成织物用以蔽体的植物。大麻又被称为汉麻、火麻、魁麻、线麻等。大麻的种植方法十分简单，生长又迅速，适应性也强，很少有病虫害。

在我国，大麻主要产于黑龙江、辽宁、吉林、四川、甘肃、云南、江苏和浙江。大麻的种子含油量达30%，所榨取的油可供工业之用。另外，大麻种子的种仁被称为大麻子、大麻仁、冬麻子、火麻子，晒干去除杂质后即可入药。大麻子性味甘、平，有润喉、滑肠、通淋、活血的功能，主治风湿痹痛、月经不调、痢疾、疥疮、中风汗出、小便短赤、产后多汗等症。而大麻的花、叶和油也可供药用。

大麻的韧皮纤维可供作纺织原料，据研究，这种韧皮纤维含有57%的纤维素、17%的半纤维素、7%的木质素、6%的果胶、2%的脂蜡质和其他一些微量元素。大麻纤维的空腔较大，吸湿透气性能比较好，手感也好，抗紫外辐射性能力更好。此外，大麻纤维还具有明显的抗霉抑菌的能力，因此被称作是绿色环保纤维，前景十分被看好。

（张小林）

绿叶上的“红果”

国内某著名科普网站曾刊出一幅奇怪的照片，沐浴在阳光下的绿叶上居然生出了几个奇怪的果实。那果实形状很不规则，有橄榄形的，也有柠檬形的，更有多角形的。颜色也有的发红，有的红中透绿，这到底是一些什么果实呢？

这并不是果实，而是植物被昆虫寄生后产生的虫瘿。这寄主就是有名的盐肤木，虫瘿则被称为五倍子。

盐肤木又被称为五倍子树、五倍子柴或泡倍树，属于漆树科，生长于向阳的多沙砾的山坡、荒野或灌木丛中，每年 8～9 月开花，10 月结果。

盐肤木是一种落叶小乔木或乔木，高度达 2～10 米，树皮呈灰黑色，小枝上密被棕色的柔毛，看上去非常平凡。只是，盐肤木的叶子看上去有一些与众不同。盐肤木生的是奇数羽状复叶，一片复叶上生有 5～13 枚小叶，复叶的总叶柄变得膨大，而且，总叶柄和叶轴上都生有小小的“翅膀”。盐肤木的小叶呈卵圆形或椭圆形，前端很尖，小叶的边缘还生有锯齿。叶子的上面呈绿色，生着稀疏的短柔毛，背面却呈灰绿色，密被淡褐

盐肤木

色的短柔毛。

盐肤木的叶子上究竟是怎样生出虫瘿来的呢？人们发现，在我国，盐肤木分布于辽宁及以南地区，甘肃及以东的各个省区，但能结虫瘿的盐肤木却只生长在四川、贵州、云南、湖南、湖北、陕西、河南、浙江等省。

促使盐肤木叶子上生出虫瘿的是小小的蚜虫。每年4月间，当盐肤木的幼芽刚刚萌动时，在一种叫赤齿藓的苔藓植物上就开始热闹起来，一些寄生在那儿的五倍子蚜纷纷破茧而出，蠢蠢欲动。这些蚜虫是头一年秋天就迁居到那儿的，它们全是雌蚜，全长翅膀。五倍子蚜们振翅飞到盐肤木刚刚长出的嫩芽上，挑选好地方便产下了后代。在这些后代中，既有雌蚜虫，也有雄蚜虫，而且，它们全都不长翅膀。

这些不长翅膀的小家伙开始不安分起来，它们自己做主谈婚论嫁，又产生了清一色的雌性后代，这些雌性后代全都不长翅膀，被称作“干母”。

干母们很快投入工作，只不过短短的7天时间，它们已经物色好中意的“产房”——又肥又壮的盐肤木叶子，专心致志地吮吸起来。而盐肤木叶子呢，它们受到刺激，慢慢地变得肥大，生成了虫瘿。于是，干母就在虫瘿中一边吮吸汁液，一边拼命地生儿育女。根据统计，每年5月到7月，每只干母可以连续进行三次单性生殖，产下的后代达5 000个！

随着虫瘿中居民的增多，虫瘿的体积也越来越大。秋天到了，终于有一天，虫瘿的基部破裂了，长翅膀的五倍子蚜纷纷飞出，四处寻找赤齿藓，找到以后便忙不迭地进行单性生殖，产生有翅膀的幼蚜。这些幼蚜十分乖巧，长得稍大便会趴在赤齿藓上分泌出蜡质，将自己包围，最终形成一个球状的茧子。于是，到第二年春天，新的一个周期又将开始。

科学家告诉我们，不同种的蚜虫会刺激盐肤木形成不同形状的虫瘿，比如，角倍蚜会使盐肤木产生多角形的虫瘿，而圆角倍蚜则会使盐肤木产生带圆角的虫瘿，倍蛋蚜又会刺激盐肤木产生蛋形的虫瘿。根据虫瘿外形的不同，我们很容易判断是哪一种蚜虫寄生在盐肤木上。

科学家还告诉我们，无论是角倍蚜还是圆角倍蚜、倍蛋，都属瘿绵蚜科五节根蚜亚科，都能产生虫瘿。

现代科学告诉我们，五倍子含五倍子鞣酸50%～80%，含没食子酸2%～5%，此外，还含倍酸和焦倍酸，少量的脂肪、树脂、淀粉、蛋白质、植物纤维和无机盐，它在医学、纺织、矿冶、化工、机械、国防、轻工、塑料、食品等各个领域中有着广泛的用途。而且更重要的是，五倍子鞣酸、没食子酸、倍酸和焦倍酸，目前尚无人工合成方法。因此，种植盐肤木，培养五倍子具有广阔的发展前景。

除了工业上的用途，五倍子还具有重要的药用价值。很早以前，我们的祖先就已注意到五倍子的药用价值。但到明朝以前,人们还只认为虫瘿是一种植物结的果实,直到著名医学家李时珍指出五倍子“乃是虫所造也”为止。五倍子又被称作倍子、文蛤、虫瘿、百虫仓、百药煎等,它味酸咸,性平,具敛肺、涩肠、止血、止汗、固精的功效,主治久咳、久泻、久痢、便血、脱肛、水肿、盗汗、遗精、疔疮等多种疾病。

正因为五倍子的用途广泛,因此在我国的许多地方,眼下都在发展五倍子的培育工作。人们发现,要使五倍子长得好,长得多,必须使五倍子蚜、培育五倍子的树木(盐肤木和其他一些漆树科植物)、五倍子蚜冬天寄生的苔藓植物有一个适宜的生活环境。经过研究,人们发现要使五倍子结得好,必须要保持多层的混交林结构。其中,上层是盐肤木和其他常绿乔木,中层应该是常绿灌木,底层则应该是苔藓植物。

实践证明,五倍子蚜生活的适宜温度为－5～4 ℃,当五倍子在阳光下呈现鲜红色或微红色时即可摘下,放在开水锅里煮 2～3 分钟,以杀死蚜虫。待晒干、阴干或烘干后就可以供应上市了。

(张小林)

虫瘿

虫瘿是指在植物体上由于昆虫产卵寄生引起的异常发育部分。多数是由蚜虫、双翅目和蜂类等昆虫在高等植物的地上部形成,有时线虫在植物根部也能形成。由于寄生昆虫的种类不同,在寄主上产生的虫瘿形状也不同,通常呈囊状、球状或圆筒状。这也是昆虫造的房子,幼虫终生在里面取食并在其中化蛹,羽化为成虫后才咬破虫瘿出来,再找植物产卵,幼虫孵化取食后重新形成虫瘿。蚜虫、蚧壳虫、象鼻虫、叶蜂、瘿蚊、卷蛾等,都可使植物形成虫瘿。

呼吸根

在江苏省南京市郊外的某个乡村的河边,有棵大树的根部出现了一些奇怪的东西,这些东西铺满了一地,棕红色,像是木头雕出来似的,它们有的像小猪,有的像小狗,有的像小牛,有的像形态各异的佛像。小的直径有 3~4 厘米,大的竟达 30~40 厘米。

从地下长出的东西是植物的呼吸根,这种呼吸根是专为了适应环境而长出来的。经过植物学家考证,河边的那棵大树名叫落羽杉,属于落羽杉科,老家在北美洲的沼泽地带。在落羽杉的家乡,地下水位很高,土壤中潮湿而缺乏氧气,落羽杉的根部细胞长期处于缺氧的状态。为了能得到足够的氧气,使自己能够生存下去,落羽杉的根部便向上分裂出一些细胞,这些细胞又分化成呼吸根,拼命地拱出地面,贪婪地呼吸新鲜空气。慢慢的,它们就长成突起状,于是就出现冬天早晨河边的那一幕。

如果将这种呼吸根横切以后放在显微镜下观察,人们就会发现,它的外部是疏松的木栓层,而中间则布满间隙很大的细胞,呼吸根不仅可以吸进空气,而且还可以贮藏空气。空气就是这样通到了地下的根部,满足了细胞对氧气的要求。解除缺氧的威胁,落羽杉就越长越茁壮了。

红树林

植物学家告诉我们,能长出呼吸根的远不止落羽杉,生活在我国的木榄、海桑、白骨壤、水杉和水松,生长在加里曼丹岛淡水沼泽地里的黄牛木和红胶木都能长出呼吸根。但是,就生活环境的艰苦和生命力的顽强而言,木榄、白骨壤和海桑无疑是其中的佼佼者。

在我国海南岛东北的东寨港自然保护区,分布着一大片由木榄和海桑等植物组成的红树林。这片红树林的面积达 20 平方千米,在那里,你可以看到各种各样有趣的现象。当海水上涨的时候,整个树林都被海水淹没了,只露出树冠在海面上,就像大海上的孤舟一样。退潮之后,红树林里便恢复了勃勃生机。在东寨港自然保护区,组成红树林的共有 15 个科 25 种植物,其中最高大的要数 8~9 米高的木榄了。红树林里的土地时常被海水淹没，因此木榄总是会在周围滩涂上生出许多屈膝状的呼吸根。而海桑和白骨壤却总是长出放射状的笋形呼吸根。这种呼吸根一端生有皮孔，内部是疏松的海绵状结构物。滩涂上的淤泥极烂极软，所以红树林中的许多植物还生有拱形的支柱根和板状根。

木榄又称大头榄、铁榄，属红树科。红树科植物大都营胎生，它们的果实成熟以后并不直接落到地上。因为那样的话，果实将很快会被海水冲走。所以，木榄的种子在未落地时就已经在果实内萌发，胚轴突破果皮向下生长，形成一支支下端比较尖的"绿笔"——棒状胚轴，这种胚轴最长可以长到30厘米。成熟时就脱离母体坠落在滩涂上，深深扎进泥中。

在下一次潮水到来之前，胚轴就已经生根了，而那些未能扎根的胚轴便随波逐流，漂在海上，它们能在海上漂浮几天乃至几个月而不死去，一旦遇到淤泥便会生根发芽。木榄不仅分布在我国的广东、广西、福建和台湾，而且还生长在亚洲其他地区的滩涂上，甚至连大洋洲和非洲的沿海也可以找到它们的踪迹。

海桑属海桑科，又称剪包树，它虽然不属红树科，但与红树科植物一起组成了红树林。海桑是一种小乔木，树高约5米，叶子对生，呈倒卵形或卵形，革质，很厚。海桑分布于我国的福建、广东和海南沿海以及亚洲的东南部和大洋洲沿海。

木榄和海桑在工业上都有较高的利用价值。木榄的树皮含鞣质，可以提取栲胶。而海桑的幼果则可以摘来供食用。但生物学家认为，木榄和海桑在科研上和生态学上的价值要远远大于它们的经济价值。

木榄和海桑等植物生长在海边，可以保护海堤免受海浪的冲击。更重要的是，由它们组成的红树林，可供众多的海洋生物栖息和繁殖，组成了地球上不可多得的海岸森林生态系统，具有不可替代的生态价值和科研价值。

（张小林）

观光木

在我国广西壮族自治区的西南角，有一片起伏绵延的山峦，这一片山峦海拔最高有1 462米，它东起钦州，西至中越边境，南北宽40千米，东西长137千米，被称作十万大山。

十万大山地区雨量充沛，高温潮湿，分布着广袤的原始森林。

在一处向阳坡地，有一棵花香浓郁的大树，大树的树皮光滑，呈灰褐色。树高达30米以上，胸径足足有2米，花虽小，却很香，生于叶腋之中，而且分为3轮，呈长椭圆形。外轮最大，长1.7～20厘米，向内渐小。雄蕊有三四十枚，花丝显红色，心皮也有10～12枚。另外，小枝、叶芽、叶柄、叶片底下和花梗都密生着黄棕色的毛。

它隔年结下的果实奇大，长达10～18厘米，重有500克。

这种植物经我国著名植物学家陈焕镛先生的鉴定，被命名为观光木，以此纪念把一生都献给祖国植物学事业的钟观光先生。

如今，人们已经知道，香花木也就是观光木，是木兰科观光木属中惟一一种植物，由于它们的数量不多，且具有极高的价值，目前已被《中国植物红皮书》列入珍稀濒危植物和国家二级保护植物的名单。

一般人珍惜观光木是因为观光木是一种非常实用的树种，观光木的花极香，聚合果表面有黄色的皮孔，成熟以后变成紫红色，很好看，树干挺拔，树冠的面积大，是一种良好的园林绿化树种，可作行道树、林阴树和草坪树。

此外，观光木的根系发达，能很好地起涵养水源的作用，且能在酸性至中性土壤中很好地生长，所以是一种大面积造林的优良树种。观光木的木纹通直，结构细致，又容易加工，是制作高档家具和木器的优良木材。

然而，植物学家钟情于观光木却另有原因。他们对观光木视若珍宝，是因为观光木在植物进化史上的价值。人们普遍认为木兰科植物是最原始的被子植物，是"有花有果"植物的祖先，距今大约1.4亿年前就出现在地球上，对于研究植物的系统发育和起源非常有用。

木兰科植物的原始在于它们的茎上常生有环状托叶痕；花被片呈覆瓦状排列，生单独顶生或腋生的两性花；雄蕊和胚珠数量很多，螺旋状排列于延长的花托上；胚极小。而观光木则是木兰科植物中较进化的类型，它对于研究木兰科植物的分类系统具有极其重要的意义。

专家们告诉我们，全世界共有15属246种木兰科植物，而中国就有11属约99种木兰科植物，因此，可以毫不夸张地讲，中国是包括观光木在内的木兰科植物最集中的地方。

为了留住观光木和其他木兰科植物，科学家想尽了一切办法。首先，他们设立了各种各样的自然保护区来保护这些珍稀植物。观光木分布于云南、贵州、广西、湖南、广东和海南等地区，因此，在这些地区人们特别注意对观光木的保护。比如，在福建省建瓯县万木林自然保护区中，一棵30多米高、胸径1.35米的巨型观光木得到了精心的照料，周围竟然生出了28棵高低不同的小观光木；在福建省南靖县六斗山森林中一棵足足有50米高的观光木王和它的4个伙伴一起受到了人们的精心爱护；在江西省井冈山地区，一棵高大的观光木也受到了很好的保护；而在江西省大余县梅岭丫山国家森林公园里，2004年1月6日，人们发现了一片方圆600公顷的观光木林，于是他们马上报告有关部门，建议采取妥善措施来保护这批珍贵的植物……

观光木

此外，人们还采取各种方法来保护观光木、繁殖观光木。1981年，植物学家在广州建立了专门研究木兰科植物的中国科学院华南植物园，引种、保存了国内外包括观光木在内的共11属130多种木兰科植物。

（张小林）

绿色"妖魔"

2004 年 1 月,来自上海市市容环境卫生水上管理处的消息称,在整个上海地区,有关方面每天都要出动 30 多艘作业船,在黄浦江和苏州河打捞水葫芦,每天打捞的水葫芦多达 1 700 吨!水葫芦为什么如此招人痛恨,它们真的是绿色妖魔吗?

如今人们知道,水葫芦的原产地并不在中国,而在遥远的南美洲。水葫芦又叫凤眼莲、凤眼兰、布袋莲、水凤仙等,是单子叶植物,属雨久花科。水葫芦是怎样来到中国的呢?1901 年,它可是作为观赏植物才被引进中国的,而最早发现水葫芦观赏价值的却是一位西方传教士。

那一天,传教士来到委内瑞拉北部的沼泽地带。他看到了一种开着漂亮紫花的水草就像一艘艘小小的帆船在水中载沉载浮。传教士一时兴起,便将水草放在手中把玩。他发现水草生着穗状花序,花序上有着 6～12 朵花,那花瓣成漏斗状,裂成了 6 瓣。茎极短,却长着长长的匍匐枝,叶子成莲座状,全部聚生在一起。叶子的外形或呈菱形,或呈宽卵形,贼亮贼亮的,很光滑。长达 30 厘米的叶柄靠近基部却膨大成囊状,中间是空心的。传教士想,这大概就是水草的浮囊吧。他很喜欢这种水草,于是便采了几棵托人带到非洲的刚果河畔,想让水草能给非洲原野也增添一些亮色。

传教士的本意是好的,但造成的后果是他所没有预料到的,因为此后事物的发展都脱离了常规。他采集的水草就是水葫芦,一种生命力极其顽强的水生植物,到了非洲,生长的势头甚至还超过了在它的老家!

很快的,刚果河流域的水面变得拥挤不堪,水葫芦阻碍了水流,也阻碍了排灌,它们增加了水中的二氧化碳含量,影响了水产品的质量。粮食运不进来,日用品也运不进来,当地的居民只好迁往他乡。以后,类似的情况又相继在美国、巴拿马、印度发生。一时间,谈到水葫芦,人们都会感到无可奈何。

20 世纪五六十年代,在中国,为了解决日益增长的饲料需要,有关方面将水葫芦作为优良饲料植物到处推广,结果,由于气候和温度适宜,水葫芦长得很快,又因为水葫芦含有丰富的蛋白质、氨基酸、胡萝卜素和微量元素,它们确实为解决饲料困难立下了汗马功劳。

水葫芦之所以在短时间内会堵塞航道,是因为它们的繁殖速度极快。在热带地区,10 棵水葫芦在 8 个月内可以繁殖到 60 万棵,覆盖面积达到 4 000 平方米的水面。当温度下降到 5 ℃时,水葫芦的水上部分开始萎缩,但位于水下的根和茎仍然保持着旺盛的生命力,一旦气候回升,它们又可以重新焕发生机。

令人惊讶的是,水葫芦几乎没有天敌,它不怕害虫、细菌、病毒和杀虫剂,它能将汞、铅、镍等一些重金属分解成无害物质,常规的杀虫剂对它无可奈何。迄今为止,最好的清除办法还是人工打捞,但人工打捞要耗费大量的人力和物力,因此有人就想,如果能将水葫芦化害为宝,那岂不是既保护了环境,又创造了财富?

环保专家试图让水葫芦去处理污水,一公顷水面上的水葫芦在24个小时内竟然可以吸附34千克钠、22千克钙、17千克磷、4千克锰、2.1千克酚、321克锶、297克镍、104克铅、89克汞,那简直就是一个天然的污水处理站!更可贵的是,水葫芦还可以吸收放射性污染物,当污染物经过叶柄上的气囊时,几乎所有的放射性污染物都会被吸收。

经研究,水葫芦还是一款不错的菜肴,可以加工成爆炒水葫芦、汤煮水葫芦,绝对是正宗的绿色蔬菜。利用水葫芦做原料加工成的饮料,在某地一上市,10万余瓶被一抢而空。

医生们还认为,水葫芦还可供药用。水葫芦具有清热解暑、消肿利尿的功能,可治疗肾炎水肿、小便不利和中暑烦渴。

因为水葫芦含有大量的蛋白质和其他营养,所以不仅可作为猪的饲料,还可切碎了喂家禽,打浆以后更可以作为鱼的饲料。

在上海,科研人员利用物理腐熟二次发酵的技术,仅用半个小时就可以使大批水葫芦转化为肥力充足的有机肥料。整个过程并不产生废水、废气和废渣。

水葫芦还是一种不错的"能源植物",水葫芦生长得极快,1公顷水面上生长的水葫芦每天能"生产"1.8吨干物质,通过厌氧微生物的发酵作用,它们能产生600多立方米的沼气,燃烧这些沼气产生的热量相当于燃烧200升汽油产生的热量。

园艺师们认为,如将水葫芦妥善栽培,它将是一种很好的观赏植物,因为水葫芦在有机物质含量丰富的静水中长得好。如要盆栽,可用大缸放入1/3河泥或掺有基肥的腐殖泥土,灌水30厘米深时,将水葫芦植株上的幼芽切下4～5个,放入缸中,把缸置于阳光下,芽很快就能发根,并迅速布满整个水面。水葫芦喜肥,可每隔一周施一次肥,植株过密时可去除弱小的植株。冬天,可将性状优良的母株放入温室水池或加有防寒措施的水池中,待春天天气转暖时再放入水缸中。

(张小林)

美丽又可入药的百合

百合原产亚洲东部温带地区，中国、日本、朝鲜都有野生百合分布，我国普遍栽培的有白花百合(如龙牙百合)、橙黄花百合(如兰州百合)、微黄花百合(如宜兴百合)，在上海市场上常见的百合有宜兴百合和兰州百合。

宜兴百合，鳞茎较小，白色微黄，但肉质细，味微苦；兰州百合，磷茎较大，白色肉质粗些，味甜。

传统医学认为，百合性平味甘、能补中益气，养阴润肺，止咳平喘，利大小便，早在汉朝即已入药。

现代医学研究发现，百合含果胶甚丰(占5.6%)，能降低胆固醇，降低血糖，增进大肠功能，促进排便通畅；百合高钾低钠(钾钠比为76∶1)，能预防高血压，有保护血管的作用；百合含有百合苷和秋水仙胺，能抑制癌细胞增殖，有抗癌作用。

百合花亭亭玉立，香气喜人，颇具观赏价值。法国人推选百合为国花。智利人定野百合花为国花。欧洲古时曾流行着一个美好的传说：有位公爵被一位美丽的姑娘所吸引，决心娶她为妻，但姑娘不忍抛下老母去享受荣华富贵，一再婉言谢绝。公爵哪肯罢休，紧紧拉住姑娘的手不放，坚持要她同去。顷刻，姑娘忽然无影无踪，随即飘来一阵清香，定睛细看，原来姑娘站立处出现一株亭亭玉立的百合花。从此，在欧洲就流传一句谚语，“一位美丽的姑娘是百合变的，百合花赛过所罗门的荣华”。所罗门是古代以色列国王，百合花在人们心目中的地位可想而知。

(王统正)

杂交水稻是怎样诞生的

2004年5月9日,中国工程院院士袁隆平教授在以色列的首都耶路撒冷接受了以色列总统卡察夫颁发的沃尔夫农业奖。

沃尔夫奖一向有犹太人的诺贝尔奖之称,评奖时都由世界著名的科学家担任评委。这一回,所有的评委都认为袁隆平应该获奖,这是因为他对世界粮食生产做出了巨大的贡献:不仅大大提高了水稻产量,还向世界各国科学家提供了自己的知识、技术和育种材料。

袁隆平教授的成功源于他对杂交水稻的研究,而对杂交水稻的研究则源于年轻时做过的一个梦。

袁教授从小就喜欢动脑筋,爱提问题,被老师称为"爱提问题的学生"。一次,自从参观了一家园艺场,他就对大自然中的一草一木发生了浓厚的兴趣。高中毕业后他考取了西南农学院农学系,一心想好好地研究自然,造福于人类。

为此,他做过一个非常美丽的梦,袁教授梦见水稻长得跟人一般高,稻穗沉甸甸地弯下了腰,看得人笑逐颜开。

1960年,袁教授偶然发现了一棵天然的杂交水稻,这给他以很大的启示,他想,世界上有1/2的人口以去壳的水稻种子——大米为主食,仅仅在中国,水稻的栽培面积就占所有粮食作物栽培面积的1/4,如果能把水稻的产量搞上去,那岂不是可以解决广大群众的温饱问题。

袁教授想,要提高水稻产量,无非是改善水稻的生活环境,改良水稻的品种。但前者的改进是很有限的,弄不好还会破坏生态平衡,而后者则不同了,因为种子改良了,遗传物质也会发生改变,从而可以发生质的飞跃。可是,以往人们进行水稻杂交育种总是以失败而告终。这又是怎么一回事呢?

原来,水稻是雌雄同株的植物,即同一棵植株既开雄花,也开雌花。这样,植株本身很容易发生自花传粉。育种学家好不容易培育出抗病力强的杂种后代,因为自花传粉的原因,品种却很容易退化。袁隆平想,要是有一棵雄花天然退化的水稻就好了。于是他就四处寻找雄花退化的野生水稻。从1964年到1965年,他总共调查了14多万棵水稻,找到了36棵雄性不育的植株。只可惜,不久以后,他的研究因种种原因暂时停了下来。幸好,从1967年起,袁教授的水稻雄性不育课题被列入省级科研项目。从1968年起，他又把目光瞄到了我国的海南岛。因为在那里一年四季天气都很炎热，适于水稻的生长，在那里育种能缩短育种的时间。

1970年的一天，袁教授的两位学生在海南省一片沼泽地边发现了一棵雄花完全退化的野生水稻。袁教授得知此事后马上赶到海南。他把这棵“雌水稻”当作宝贝一般守护起来，还替它进行人工传粉，终于使“雌水稻”顺利结子。

以后，袁教授将“雌水稻”的后代种了下去，又得到了雄花萎缩的后代，这些后代被称作雄性不育系(简称不育系)。他将正常水稻的花粉给不育系的雌水稻授粉，使它们也能结子。这些正常水稻便被称为雄性不育保持系(简称保持系)。

为了使不育系的水稻产出雄花恢复正常而杂交优势十分明显的后代，袁教授又千方百计弄到了菲律宾水稻研究所培育的优质水稻花粉，并把它们授在了不育系水稻的柱头上，几经周折，才培育出了雄花正常的杂交水稻。这种杂交水稻被称为雄性不育恢复系(简称恢复系)。

就这样，从1964年开始筹划杂交水稻课题，经过了12个春秋，克服了常人难以想像的困难，袁教授在1978年成功地培育出了三系(指不育系、保持系和恢复系)杂交水稻，揭开了绿色革命的序幕。与普通水稻相比，每公顷杂交水稻的收获量要提高1.6吨。自推广以来，杂交水稻的种植面积已达2.01亿公顷，增产的重量达近4亿吨。这些增产的水稻能供3 500多万人吃上一年。

如今，在广袤的中国大地上，一半以上的稻田里种上了袁教授利用三系培养出来的杂交水稻稻种，全国收获的稻谷中有60%产自杂交水稻。

中国培育的“超级稻”

不仅如此，袁教授还将杂交水稻推向世界，让发展中国家的人们也能享受这项成果，解决温饱问题，这是多么博大的胸怀！从1981年至1998年，袁教授在湖南省杂交水稻研究中心总共举办了38期国际杂交水稻培训班。

正如一位美国著名学者所说的：“袁隆

平为中国赢得了宝贵的时间，他在农业科学上的成就击败了饥饿的威胁，他正引导我们走向一个丰衣足食的世界。”

袁教授的杂交水稻已被世人公认为是继中国古代四大发明以后的第五大发明，而他本人也于1981年获得了国家颁发的第一个特等发明奖；1982年被国际水稻研究所称为“中国杂交水稻之父”；1987年获得联合国知识产权组织颁发的“杰出发明奖”；1995年被选为中国工程院院士；2001年获首届国家最高科技奖；2004年又获世界粮食基金会的年度世界粮食奖，等等。

中国是最早栽培水稻的国家

成绩和荣誉并没有阻碍袁教授的步伐，如今他又开始培育“超级水稻”。2000年种植“超级水稻”的试验项目已达到每亩收获700千克的目标。从1997年起，他又开始向每亩收获800千克的目标前进。在这位年逾古稀的智慧老人的字典里，似乎找不到“满足”和“停留”这些字眼，他永远要跑在时代的最前列！

（张小林）

冰里开花

20 世纪 60 年代,在我国东北的哈尔滨市,有关方面曾经举办过一次相当轰动的花卉展览。

展览上最出风头的是一盆盛开在冰雪中的小花,那花呈黄色,开放在茎部的顶端,就像一只只小酒盏一样。早春季节,在冰城哈尔滨,天气仍然冷得够呛,路上的行人全都把自己捂得严严实实,来也匆匆,去也匆匆。可这些小草却不怕冷,它们那淡紫色的花萼托着黄色的花瓣看上去很是精神,尽管寒风把小草吹得一歪一斜的,但它们仍然昂起了头,像是在宣告:冬天已经过去,春天还会远吗?

这开着黄色小花的就是有名的冰凌花。在冰凌花的老家——中国黑龙江省、吉林省和辽宁省的茫茫林海边,早春的冰雪尚未融去,阳光中已经透出几丝暖意,冰雪依然覆盖的大地上却像是约好了似的,一夜之间冰凌花全都开放了。在刺骨的寒风里,在肃杀的景色中,盛开的冰凌花带来的不仅仅是异乎寻常的美丽,它们还带来了顽强的自信。怪不得,凡是看过冰凌花开花的人都不会忘记这种生命力顽强的小花。

冰凌花的学名叫侧金盏花,又叫冰里花、凉了花、顶冰花、冰顶花和冷凉花,在植物分类学上属毛茛科,与牡丹和芍药有着一定的亲缘关系。在冰凌花身上具有毛茛科的一些原始性状,比如,花被的分化并不明显——花瓣与花萼的大小和形态相差并不多;雄蕊多数、分离,螺旋状排列;果实为聚合瘦果。

但是,这些原始的性状丝毫不减冰凌花凌雪傲霜的魅力。冰凌花是一种先开花、后长叶的植物,当它那黄色花儿绽放的时候,包在淡褐色或白色的鞘质膜中的嫩绿色叶芽已经在萌动之中。冰凌花的开花时间大约是 10 天。10 天以后,它们就抽生出三角形、呈羽状全裂的叶子,这叶子很像胡萝卜的叶子。它们的紫色茎在开花时长仅 5～15 厘米,在开花以后猛长到 40 厘米。

冰凌花是一种多年生植物,它长有粗短的根状茎,根状茎上还长有许多胡须般的侧根。冰凌花开花时间一直可以持续到 5 月初。5 月末 6 月初,冰凌花的种子就能成熟。每个冰凌花的聚合果可包含 70 枚淡绿色的种子,而 1 000 粒冰凌花的种子才 7.5 克重。当种子成熟以后,冰凌花的地上部分就枯萎了,它们进入了休眠期。

冰凌花为什么能在冰雪里傲放呢？这完全是因为冰凌花长有粗壮的根状茎。冰凌花喜欢湿润的森林腐殖土，这种土壤里所含的无机盐和矿物质元素十分丰富，非常有利于养料的积累。因此，在冬天到来之前，冰凌花的根状茎早就储存了足够的营养。一到早春，这些营养便源源不断地供给冰凌花的花蕾，让它们在凛冽的寒风中，在冰天雪地里仍然灿烂地开出一地的黄花。

早在几千年前的周代，生活在黑龙江流域的我国少数民族曾将冰凌花作为奇花异草进贡给当时的皇帝。如今我们知道，冰凌花不仅是一种娇美但不失刚强的观赏植物，而且还是一种药用植物。据研究，冰凌花的全身都含有强心苷和非强心苷的成分，具有强心、利尿、镇静和减缓心跳的功能。

（张小林）

关于冰凌花的希腊传说

冰凌花的名字来源于希腊神话中大名鼎鼎的阿多尼斯，是爱神维纳斯的情人。

在希腊神话中，阿多尼斯是美女米尔娜之子。米尔娜因与父基尼拉斯（传说中塞浦路斯的国王）私通，被维纳斯化为没药树，阿多尼斯就是从没药树中出生的。阿多尼斯一生下就美貌无比，爱神维纳斯把他藏在桃金娘花中带出，托给冥后玻瑟芬抚养，结果两位女神都爱上了他。女神们争执不下，最后由宙斯决定：把阿多尼斯生命中每一年的时间都分成三份：1/3 的时间去陪伴冥后；1/3 的时间来陪伴情人爱神；剩下 1/3 的时间交给自己决定。

一到夏天，冰凌花植株的地上部分就会枯死，在希腊人眼里，阿多尼斯这是去阴暗的地府与冥后相会了。

寻寻觅觅杜鹃王

1919 年二三月份，一个名叫乔治·福雷斯特的英国人在纳西族向导的带领下来到了高黎贡山中一处名叫河头的地方。福雷斯特是植物学家，他一直对中国西南部的植物资源很感兴趣。从 1904 年起，他曾七度来华，采集了 31 000 多件标本，挖掘收集了几百麻袋种子和地下茎，其中杜鹃花标本就有 4 600 余件。

福雷斯特在向导的带领下来到密林深处，终于发现了一棵与众不同的大树。这棵大树树高 25 米，胸围达 2.6 米，要两个人才能合抱。当时正值开花期，一树的繁花将整棵树装点得如同锦簇一般。

福雷斯特迫不及待地让向导采下了花朵，仔细地观看起来。只见那花朵呈钟状，长达 10 厘米，“钟口”裂成了 8 瓣，16 枚长短不齐的雄蕊从花冠中伸出头来，花梗和子房上都密被淡棕色的绒毛。

再看看花朵，也着实让人惊奇：24 朵钟形花朵组成了一个大大的总状伞形花序，大得惊人，红得炫目，让人一看就忘不了。

福雷斯特又让向导摘下了叶片，这叶片大得出奇，用尺量量，最长的足足有 37 厘米长，24 厘米宽，叶片的先端钝圆，基部呈宽楔形，叶柄长达 4 厘米。

福雷斯特采下了大树的花、果和叶片的标本，最令人不可思议的是，他竟让向导将大树拦腰截断，取走了一块圆圆的树盘，然后携着标本，带着树盘，下山扬长而去。

福雷斯特将大树的标本和树盘一起带回了英国，以后又与他人一起将其命名为大树杜鹃，并作为新种发表于 1926 年的《爱丁堡皇家植物园》期刊上。那个有着 280 个年轮的树盘则被陈列于大英博物馆，作为展品向外展出。

福雷斯特的所作所为刺痛了每一个有良知的中国人的心，更刺痛了专门研究杜鹃花的植物学家冯国楣的心。

1980 年，中国科学院昆明植物研究所的杜鹃花专家冯国楣先生带领助手们又来到河头，并找到了当年带领福雷斯特砍树的纳西族向导。可惜，由于连日大雨，而且花期已过，他们最终没有找到大树杜鹃。冯先生决定第二年继续进山，去寻找“遗失”多年的国宝。

那一年，冯先生带领他的学生一头扎进原始森林，在潮湿闷热的林子里艰难地跋涉，翻过了一山又一山，越过了一岭又一岭，终于在海拔 2 380 米的密林中发现了久违的大树杜鹃，它的高度比被福雷斯特腰斩的那棵更高，达到 25 米。基部的直径达 1.57 米，整个树冠的面积达到 60 平方米。在盛花季节，大树杜鹃开出了水红色的钟形大花朵，每 20～30 朵成一个直径达 25 厘米的花序。

杜鹃

1982 年 4 月，云南省腾冲县林业局和林学会等单位组成了大树杜鹃的联合考察队来到了河头附近，在面积为 0.25平方千米的范围内，发现了 40 棵大树杜鹃，其中胸径超过 1 米的就有十余棵。最大的一棵高达 30 米，基部直径达 3.07 米，树冠亭亭如伞，树龄超过了 500 年，堪称大树杜鹃之最！

大树杜鹃的重新发现，轰动了中国，更轰动了世界，这是因为大树杜鹃本身是一种极其珍贵的树种，可作观赏植物，也是一种原始的杜鹃花，在科研上有无可替代的作用。如今，为了更好地保护大树杜鹃，国家已将其列入国家二级保护植物，并将高黎贡山地区的保山市、腾冲县和泸水县之间东西宽 9 千米，南北长 135 千米，总面积达 12 万公顷的区域划为高黎贡山国家级自然保护区，用以保护包括大树杜鹃、秃杉、云南樱花、云南山茶花在内的珍稀植物和其他动植物资源。

与此同时，科学家还在积极进行大树杜鹃的人工培育和种植工作。他们在秋天采下大树杜鹃的果实，阴干后筛出细小的种子，贮藏起来，然后在第二年春天再将种子播于特殊的介质上，浇水后置于阴暗潮湿处，几经周折终于使得大树杜鹃的种子萌发了。

人们相信，只要肯付出爱心，大树杜鹃这种 800 多种杜鹃中最为珍贵、最为灿烂、最饱经磨难的珍贵树种就一定能在它们的故乡——中华大地上繁荣昌盛下去。

（张小林）

神秘的"笔"

位于湖北、四川、陕西三省交界处的神农架自然保护区，有一种著名的药材——文王一支笔，它实际上是双子叶植物筒鞘蛇菰的植株，分布于我国云南、四川、湖北和陕西，是多年生的草本植物，属蛇菰科。

经过研究，人们发现，筒鞘蛇菰事实上过的是寄生生活，它们的寄主就是那些高大的锥栗等阔叶树，筒鞘蛇菰依靠吸取阔叶树根部的营养生活。如果寄主长得高大、挺拔，筒鞘蛇菰便也活得滋润。

筒鞘蛇菰是怎样过上寄生生活的？原来，它们采取的方式类似于肉苁蓉或草苁蓉所用过的伎俩。筒鞘蛇菰的种子十分细小，遇到寄主的根部分泌的汁液便会及时萌发，与寄主的根部融合。

春天，筒鞘蛇菰从地底下钻出身体，这时候它们全身苍白，不含一丝叶绿素，待茎长到约为 8 厘米长，直径约为 0.9 厘米粗时，身体 2/3 以下逐渐生出对生的白色鳞片状叶，这种叶也是苍白的，不能进行光合作用。

筒鞘蛇菰吮吸着寄主的汁液越长越大，到了夏天它们便开花了。这时候的筒鞘蛇菰出落得非常漂亮，它们的根状茎吸饱了营养，长得像一个球似的藏在地下，球的表面还生出一个个疣状疙瘩，全身变得通红或红中带黄。

有的筒鞘蛇菰发育成 10～30 厘米高的雄株，雄株的顶端还抽出肥大的长达 10 厘米的肉穗花序，这花序便是文王一支笔的"笔头"。有的筒鞘蛇菰则发育成 5～10 厘米高的雌株，雌株抽出的肉穗花序虽然只有 1.5～3 厘米长，但外形却更像毛笔头。

不过，有些筒鞘蛇菰并不分雄、雌株，同一株个体上同时开雄花和雌花，整个肉穗花序长达 1.4～2.2 厘米，直径达 1.7 厘米。这种肉穗花序上的雄花全部生在基部，其余的便只见雌花和一些倒卵状的小苞片了。

无论是雌雄同株还是雌雄异株，筒鞘蛇菰的肉穗花序下都长有总苞状的筒鞘，这便是筒鞘蛇菰名称的由来。

在神农架自然保护区，除了鸭子石，筒鞘蛇菰还分布于林区的红坪、板仓、下谷坪、大龙潭、阴峪河等处。此外，在云南西北部、四川、湖北、陕西南部的海拔 1 000～2 500 米的山坡林下，偶尔也能看到筒鞘蛇菰的身影。

近年来，人们越发钟情于筒鞘蛇菰，这是因为筒鞘蛇菰不仅可以制作盆景，而且还是一味极为宝贵的中药，经干燥以后筒鞘蛇菰的全株均可入药，具有止血、生肌、镇痛的功效。民间常用筒鞘蛇菰来治疗胃痛、胃出血、鼻衄、妇女的月经出血不止、痢疾以及外伤性出血等。此外，筒鞘蛇菰还可以用作补药，服用后可以改善心动过速和心悸的症状。

文王一支笔——筒鞘蛇菰其实只是神农架自然保护区中生长的许许多多中草药中的一种，与它齐名的还有头顶一颗珠、江边一碗水、七叶一枝花等好多瑰宝。

（张小林）

七叶一枝花

七叶一枝花是百合科重楼属植物，它是一种清热解毒的良药。该属植物主产我国及欧洲的温带和亚热带地区，全世界有十余种，我国有七种及很多变种。

七叶一枝花茎直立不分枝，叶通常在四片以上排成轮状，花序单生于叶轮中央，花梗似茎的延续，顶生一花，花被片二轮，外轮花被呈叶片状，植株外形仿佛寺庙常见的烛台，又似层楼宝塔，这样规矩的株形，十分引人喜爱。近年各地公园、植物园、药圃常采挖七叶一枝花等的根状茎或种子种植，无论盆栽或地栽，均生长良好。由于它们是林下植物，耐阴喜湿，十分适宜作地被或布置花坛。

鸽子树

2002年6月初，一支四川大学的科学考察队来到了位于四川雅安天全县境内的二郎山区，这里山高林密，人迹罕至，路极其难走。

考察队员趟过了一条湍急的河流，进入了一片茂密的林子。忽然，一棵大树吸引了众人的目光。那大树树高超过30米，胸径达到一米多，树皮呈深灰色，一片片地翘起，有的还脱落在地上。互生的叶片很大，长达6～15厘米，宽卵形，呈纸质。

最引人注目的是那落了一地的花朵。或许是开花盛期已过，大树的枝头留下的花儿已经不多，但仅凭那花朵的外形就可以判断出，那很可能是一种珍贵稀少的植物——珙桐树。

“鸽子树！”不知是谁先叫出声来，是啊，这大树像极了有“鸽子树”之称的珙桐。先不看那白鸽翅膀般的花朵，就看满地落下的隔年的果子，就知道它极有可能就是有“国宝”之称的珙桐。

当天晚上，人们将叶片、花和果实集中起来，经过仔细地鉴定，确定这棵大树就是珙桐。

二郎山地区找到珙桐的消息传出以后，引起了轰动，因为珙桐对于我们人类来说实在太重要了。

珙桐为什么如此珍贵呢？这不仅因为珙桐木材好，能制作家具、乐器、仪器，还因为珙桐是第三纪古热带植物，在研究植物的进化历史上具有不可替代的作用。距今300万～200万年以前，珙桐的生长足迹遍于全世界，后来，由于受到第四纪冰川的影响，许多地方的珙桐绝灭了，而在我国南方的局部地区，因为地形复杂，冰川未能进一步入侵，才使珙桐得以幸存下来。如今，在中国贵州的梵净山，湖北的神农架，四川的峨眉山、雷波县、马边县，湖南的张家界、天平山等地海拔700～2 500米的山坡上还留有珙桐的天然树林。

植物学家认为，正因为有了珙桐，许许多多有关地球地质、地理和古生物等方面的难题才得以迎刃而解。因此，有人将珙桐称为不可多得的“活化石”，或是植物界的“熊猫”。为了更好地保护这种珍贵的植物，1975 年，国家有关方面将珙桐定为一级保护植物，并辟出了专门的地区，设立了保护珙桐的自然保护区。

珙桐又名空桐、水梨子，属珙桐科，是一种落叶乔木，学名为“*Davidia involucrata*”，意思是大卫发现的有苞片的植物。这大卫是何许人？他与珙桐树到底有何关系？

原来，大卫既是一位法国传教士，又是狂热的植物标本采集者。自从 1860 年到中国来传教，三年的时间里，他在北京地区采集了大量的植物标本。后来，他听说在四川省的某些地方生长着一种奇怪的鸽子树。于是，1869 年的四五月间，大卫来到了青衣江上游的宝兴地区。一天，他来到一个名叫穆坪的地方，在一处林间的开阔地带，大卫蓦然在几棵高大的阔叶树中间看到了一棵更为高大的树木，那树木正开着花，满树的白花开得极盛。远看，那白花或倒悬，或伸展，千姿百态，就像一群群白鸽歇在树上。

“这就是鸽子树？世界上果真有鸽子树？”大卫抑制住心中的狂喜，三步并作两步上前仔细打量。原来，那白色的并不是花瓣，而是苞片。这苞片共有两片，长达 15 厘米，烘托着一个头状花序，头状花序的直径达 2 厘米。由许许多多雄花、雌花和两性花组成。由于苞片太大，人们就只见苞片而不见花朵了。

大卫意识到自己可能发现了一种从未见过的植物，为了保险起见，他采下了标本，并将标本带回法国请专家鉴定。大卫采集的植物标本使法国植物学家们欣喜若狂，他们将这种植物定名为大卫，从此大卫的名字与珙桐紧紧联系在一起。他采集植物标本的劲头越发高涨起来，他爱上了中国这片神奇的土地，最后终老于中国的福建省，珙桐也因为大卫的推广而为世人所知。以后，英国著名的植物学家威尔逊、我国著名的植物学家陈嵘教授都曾为珙桐走向世界作出了贡献，使得珙桐成为世界各国争相栽培的美丽的“中国鸽子树”。

珙桐其实也可以进行人工繁殖。不过，由于珙桐生活在比较特殊的环境中，而且由于种皮非常坚硬，不透水，后熟期很长，一般在结果以后 2～3 年才能发芽，常常是未等发芽种子已烂。

经过长期摸索，园艺家们已掌握了一整套人工培养珙桐的方法。比如，珙桐宜种在湿润、排水良好、肥沃的沙壤土和棕壤土中，土壤以偏酸性为好，播种前还应将土壤消毒。种子在播种前应于入冬前连同外果皮和中果皮一起埋入土中进行冷冻。若掌握好冷冻的温度，发芽率高达 98%！

（张小林）

树中巨人

离我国云南省西双版纳州勐腊县18千米处，有一个叫补蚌的地方。那儿齐崭崭地长着100多棵参天的大树。这些大树树干挺拔，一棵棵都矗立在雨林的上层，最矮的有40多米，最高的达93米！真有一点把青天都想刺破的气概。

这种大树便是著名的望天树，我国一级保护植物。如今，当地政府用钢索、木板和锁链在20多米高处搭了一条2.5千米长的空中走廊，让游客们尽可以在空中饱览森林美景和野生动物。

望天树是怎样被人发现的？它们为什么会被列入国家一级保护植物的名单？这事要从30年前的那次考察说起。

1974年，一支植物考察队出现在补蚌地区，他们是听说当地生长着一种叫"麦浪昂"的树而来的。麦浪昂在傣语中是"伞把树"的意思，勐腊县林业局的工作人员听当地的傣族群众说，补蚌地区生长着一批极为高大的树木，它们的树干通直圆满，不分叉，树冠却像一把撑开的伞的伞面，于是就派了一支队伍向补蚌进发。

考察队员在潮湿而又阴暗的雨林中穿行，他们越过了由参天巨树和藤蔓组成的屏障，在一处林被茂密的沟谷处，终于看到了傣族老乡所说的伞把树。那伞把树确实是高得惊人，在高达三四十米的热带雨林上方，它们昂首挺立，鹤立鸡群般耸立于林梢，枝叶茂密的树冠替林下的苔藓、灌木，甚至高大的乔木都遮住了炽热的阳光。

考察队员很快想法采到了伞把树的花和果实，送交有关部门，专家们最终将伞把树归入了龙脑香科，并命名它为望天树。

望天树只生活在中国云南省的勐腊、屏边、河口、马关等县的海拔700～1 100米的河谷坡地，一般高达70米，最高的可达93米，胸径平均为2米(最大的可达3米)，是云南省乃至中国长得最高的植物。望天树的分布范围只不过为20平方千米。由于珍贵，已被列为国家一级保护植物的名单。

望天树属于柳桉属，柳桉属中共有11个成员，其中10个成员分布于东南亚，但望天树却与它的"兄弟姐妹"不一样，只生活在中国的云南。

望天树的叶对生，生羽状叶脉，圆锥花序上排列着黄花，开花时极香，果实特别坚硬。它树干通直，材质坚硬，生长迅速。一棵70岁左右的望天树可长到 50 多米高，而且，长到 30 米高时才分枝，胸径在 130 厘米左右。望天树的木材性能好，不怕腐蚀，不怕病虫害，可制作高级家具、乐器、桥梁。一棵望天树的主干体积竟可达 10.5 立方米，材积之大，令人惊叹。望天树的生长速度是其他树种的 2～3 倍，又能分泌树胶，花还可以提取香料油，因此利用价值很高。

但科学家认为，望天树的珍贵之处，不仅在于它们的工业用途广和药用价值高，而在于望天树的科研价值。

西双版纳位于北回归线上，照理说，它应划入亚热带的范围。但在西双版纳却分布着特征与热带雨林相似的森林。

20 世纪 60 年代以前，国际一些著名的植物学家并没有到过西双版纳，也不了解西双版纳特有的地形和地貌。所以，他们并没有将西双版纳划入热带雨林的范围。

从 20 世纪 30 年代起，一位名叫蔡希陶的植物学家多次来到西双版纳进行考察，他坚定不移地认为，在我国西双版纳地区分布的是不折不扣的热带雨林。

然而，要让西双版纳的森林归入热带雨林的范围，还必须找到有力的证据。因为，与分布在非洲和美洲的热带雨林不同，在与我国西双版纳绵延相连的东南亚热带雨林中，生长着最具有代表性的高大的龙脑香科植物，而以往在西双版纳并没有找到任何龙脑香科的植物。因此，要证明分布在西双版纳的森林确实是热带雨林，就必须先找到龙脑香科植物，哪怕只有一棵也好！

如今，在勐腊县的补蚌地区找到了成片的望天树，更令人欣喜的是，近年来，植物学家还在西双版纳东部的南沙河中段和广纳里以北的河谷地段发现另一种龙脑香科植物——版纳青梅。版纳青梅虽不如望天树那般高大，但也可以长到三四十米高，它的小枝、叶柄和花序都长满星状柔毛。叶革质，呈矩圆形至矩圆状披针形，长有短梗的白花。版纳青梅的木材坚硬，可供制作家具和建筑之用。目前已被列入国家二级保护植物的名单。

望天树和版纳青梅的发现，进一步证明了生长在西双版纳的森林确实是热带雨林，以后，当代著名的热带雨林专家——英国的韦特模博士和美国的阿希同博士相继来到云南的西双版纳考察，肯定了蔡先生的这个观点。

在西双版纳，被列为国家重点保护珍稀濒危植物的有 53 种，占全国的 15%。其中最著名的有望天树、版纳青梅、四数木、野茶树、铁力木、桫椤、云南穗花杉、海南粗榧、顶果木、云南石梓、见血封喉等，已知可供利用的植物资源多达 1 500 多种。

（张小林）

巨人蕨

2003 年 4 月,正在长江小三峡库底进行林木清理的工作人员,在滴翠峡下游、三峡二期工程水位线下发现了两棵奇怪的植物:它们全都树干挺拔,株形漂亮,树皮表面有着六角形的斑纹。叶子都长在茎的顶端,长长的叶柄长满了小刺,每片叶子有 2~3 米长,上面竟然长了 17~20 对小叶子,远看就像棕榈树叶。

经过专家们鉴定,发现这两棵怪树正是国家一级保护植物——桫椤。桫椤又叫树蕨、龙骨风、水桫椤、七叶树等,是一种珍贵的蕨类植物。为了保护这两棵桫椤,当地林业局派了有关人员将它们移入林业研究所的科技示范园区。

2003 年 8 月,类似的情况出现在广西临桂县。一位植物学家在路过临桂县宛田瑶族乡塔背村时,发现那里竟分布着近百株桫椤,最大的两株桫椤高达 2 米,直径达 20 厘米。据当地的瑶胞们介绍,桫椤在当地被称作龙骨风,是村民们用来治疗风湿病和跌打损伤的一种良药,因此,他们一直在下意识地尽力保护桫椤。

桫椤是蕨类植物,但桫椤的个子又很高大,最高的可以长到 10 米以上,它没有木质部,又没有韧皮部,究竟是靠什么才能撑起高大的身躯呢?

原来,桫椤的茎本身并不坚固,但根却极其发达,这些根里三层外三层地缠在一起,或紧紧钻进岩石缝隙,或厚厚覆在茎的下部。这样既增加了茎的体积,又提高了茎的牢度。桫椤根的再生能力特别强,砍了会再生,生了再砍,生生不息,韧劲十足,就有力地保证了茎干能及时得到支撑。

在矮小的蕨类世界中,桫椤的

身材是很引人注目的，它们是蕨类植物中的“巨人”，虽然个子长到10多米高，但孢子的萌发以及精子和卵子的结合都离不开水。所以，只能一直生活在阴暗潮湿的环境里。

桫椤为什么如此珍贵呢？这是因为，在蕨类植物的进化史上，桫椤的地位是很关键的，有了桫椤，很多进化上的难题都能迎刃而解。

距今大约3亿多年以前，高大的蕨类植物成了地球的统治者。当时，在温暖湿润的环境中，鳞木、封印木、芦木和种子蕨等一些几十米高的蕨类植物组成了蔚为壮观的原始大森林。到了距今1.8亿年以前的中生代侏罗纪前后，桫椤类植物代替了那些古老的蕨类植物。当时的桫椤，个子足足有20多米高，它们俨然是地球的主宰，有的还成为恐龙口中的美食。

然而，曾几何时，地壳的变化使得原本温暖、潮湿的气候变得干燥。由于种种原因，大部分蕨类植物灭绝了，只有极少数蕨类植物死里逃生，残存到今天，桫椤就是劫后余生的蕨类植物中的一员。

由于气候原因，在南太平洋岛屿的热带雨林中，高达25米的蕨类植物比比皆是，但在我国，高大的桫椤却仅仅分布在四川、贵州、云南、海南、台湾、福建、浙江等地，海拔100～800米的山林中和溪沟边。

桫椤的茎含有大量的淀粉，这种淀粉被称为山粉，可以制作各种富有营养的食品。桫椤的树形极为美观，可供作庭园观赏树木。在医学上，桫椤的茎还能起医治肺痨、抵抗风湿的作用。

2002年10月，在我国广西防城港市板八乡境内，技术人员发现了另一种有“活化石”之称的桫椤类植物——黑桫椤。黑桫椤也属桫椤科，生长于海拔350～700米的密林下，目前仅在我国的浙江、台湾、广东、广西和云南南部等地被发现，它们的分布区域狭窄、数量少，已被列为国家二级保护植物。这次在广西发现的黑桫椤分布面积约为35 000平方米，数量有30多株，最高的植株高达8米以上，直径超过了18厘米。这是迄今为止在十万大山发现的分布面积最大、数量最多的黑桫椤群，在科学研究上具有很高的价值。

为了保护、抢救桫椤等珍贵的桫椤科植物，目前，国家在一些地方设立了桫椤自然保护区，就拿四川省自贡市荣县西南48千米金花乡内的桫椤保护区来说，在巨大的漏斗形深谷中，4千米长、100米宽的地区内分布着2万多棵桫椤。这些桫椤正受到人们前所未有的妥善保护。人们完全有理由相信，桫椤这种古老的“活化石”，在我们中华大地上一定能够永葆它们的青春！

（张小林）

林中的"炮弹"

2004年8月1日,北京八大处公园的一位工作人员,在龙泉庵附近的树林里发现了一个白乎乎的大球。大球像一个西瓜,直径达到30厘米,重量有500多克。

白色大球到底是什么东西?为什么会在树林和草丛中出现呢?

白球其实是一种菌类,名字叫马勃,俗名叫马粪包。8月份天气炎热,一场大雨过后,高温和潮湿将有利于马勃等菌类的生长,于是马勃便很快在树林和草地中出现。

真菌学家告诉我们,马勃属腹菌纲、马勃目、马勃科,成熟以后全都长得肉乎乎的,未成熟时为白色,成熟时变成紫褐色。人们看到的圆球其实是马勃的子实体,这种子实体的直径一般为5～15厘米,最大的可达1米以上。

从马勃中弹出的粉尘是马勃的粉孢子。马勃的子实体弹射粉孢子的力量非常强,它们常将粉孢子弹得很远,令人大吃苦头,难怪生活在南美洲的印第安人常常将马勃当作地雷放在入侵者必经的路上。产于南美洲的马勃直径可达1米,重量达5千克。

马勃为什么能够如此有力地喷射粉孢子呢?这是因为马勃的孢子和孢丝连在一起,孢丝很长且有分支,具有极强的弹性。平时,孢丝被限制在马勃的子实体内,当子实体的包皮被碰破,孢丝就摆脱了束缚将粉孢子弹出,看起来如同喷出大量的烟雾一样。当孢子遇到合适的条件会萌发出菌丝体,最后长成新的马勃。

马勃

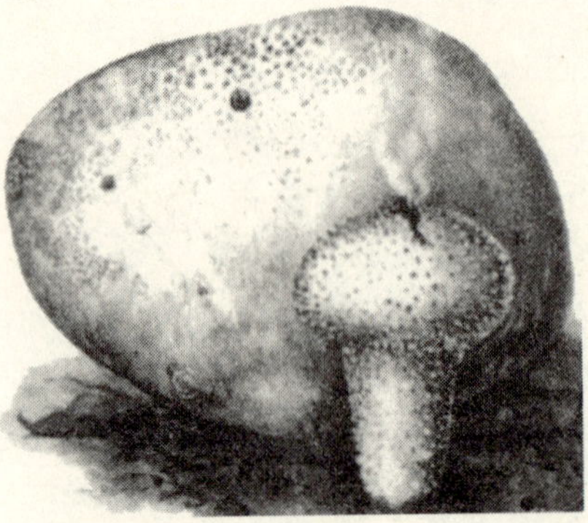

马勃不仅生活在南美洲,还生活在我国的东北、内蒙古、甘肃、新疆、湖北、安徽、广东、广西、江西、贵州、江苏等地。生活在东北、内蒙古、甘肃、广东、广西等地的有脱皮马勃和紫颓马勃。脱皮马勃稍大些,直径为10～15厘米,子实体的包皮常呈纸质,显灰棕色至黄褐色,很容易破碎脱落,稍碰触,粉孢子就像尘土一样飞出。紫颓马勃则稍小些,直径为5～10厘米,包皮很薄,易碎,常露出紫色的絮状孢子体。

无论是哪一种马勃,它们都含有马勃素、尿

素、麦角甾醇、亮氨酸和磷酸钠等。马勃除了在幼嫩时可以当菜吃，成熟以后还可以当作中药，治疗咽喉肿痛、失音、吐血，肺热咳嗽，下肢溃疡等症。

马勃弹射孢子的能力为什么如此之强？科学家认为，这是为了传宗接代的需要。可以想象，早先马勃弹射孢子的能力都比较弱，在残酷的生存斗争中，弹射孢子比较远的马勃不仅生存下来，而且越来越兴旺。而那些弹射孢子能力较差的马勃就渐渐被淘汰了。许许多多年过去了，马勃的弹射孢子能力变得越来越强。

除了菌类植物，苔藓植物和蕨类植物也利用孢子繁殖后代。植物的孢子有各种各样的形状，有的表面平滑，有的则长有刺或疣，它们都有极强的生命力。

有趣的是，凡是能产生孢子的植物，它们全都会想方设法让孢子传送得更远些。就拿蕨类植物中的水龙骨来说，它们的孢子长在叶片的背面。每到夏天，叶片背面羽状小裂片中脉的两侧会长出一些圆形的褐色隆起。这些隆起是由许多孢子囊组成的，因此又被称作孢子囊群。孢子囊群在叶片上着生的位置和它本身的大小、形状是鉴定蕨类植物的重要依据。人们发现，孢子囊群的表面覆盖着一层名叫囊群盖的薄膜。一旦孢子成熟，囊群盖就会脱落，孢子就被弹射出去，随风飘出老远老远。

同样的情况还发生在苔藓植物身上。苔藓植物也利用孢子进行繁殖，没有真正的根、茎、叶的分化。它们可以生活在高山、草地、林内、路旁、沼泽和湖泊中，甚至连民居的墙壁和屋顶上也能存活。苔藓植物的适应能力不可说不强。而这种适应能力与它们的繁殖方式是分不开的。

苔藓植物的种类很多，但在它们的生活过程中，都会出现孢子。就拿小小的葫芦藓来说，在春天，葫芦藓的胚上会长出一个叫蒴柄的长柄，蒴柄的顶端会生出一个小小的“葫芦”，这个“葫芦”里面藏着许许多多的孢子。“葫芦”上有一个小小的“盖子”，这个“盖子”叫做蒴帽。到了夏天，孢蒴成熟了，蒴帽自动落下，一阵风吹来，孢子就满世界地飞，散播到很远很远的地方。

孢子遇到合适的环境会萌发成有分支的绿色丝状体，以后又慢慢长成新的葫芦藓。值得指出的是，以后葫芦藓会产生精子和卵子，精子和卵子只有在水的帮助下才能完成受精作用，形成新的胚。

而蕨类植物，也和苔藓植物一样，只有在水的帮助下才能完成受精作用，它们都注定一辈子要生活在阴暗潮湿的地方。

（张小林）

黄花狸藻的“捕虫笼”

湖南省茶陵县尧水乡爱里村是一处风景秀丽的地方，群山拱卫之中是一片终年积水的葫芦状沼泽地带，沼泽地中的许多植物正在开花，它们把周围装点得姹紫嫣红，这其中有一种植物的全身都沉入水中，只露出已经绽放的黄色唇形花朵来。

这种开黄花的水生植物就是鼎鼎有名的捕虫大王——黄花狸藻。黄花狸藻分布在我国的浙江、安徽、江西、福建、台湾、湖南、广东、广西和四川等省，在越南、印度和马来西亚等国家也有它们的足迹。

黄花狸藻生活在河流、池塘等静水中，它的茎载沉载浮地漂浮在水里，枝条极细极长，而叶子则全部分裂成羽毛状，最长可达到 7 厘米。

黄花狸藻生活在水里，因为受到水生生活的限制，光合作用所产生的有机物质肯定满足不了它们生长发育的需要。于是，它们便发展出独有的“进补”营养的方式。既然不能完全依靠光合作用来供应，那么何不利用现成的营养？但是，黄花狸藻的先天条件不足，它长不出像猪笼草那样色彩鲜艳而且能分泌蜜汁的捕虫“瓶子”，而茅膏菜、毛毡苔等一类植物身上分泌的黏液到了水中又完全不管用。

因此，黄花狸藻便在长期的适应过程中进化出专供自己使用的“捕虫笼”，这些捕虫笼就长在羽毛状裂片基部的囊状体。令人惊讶的是，每一个囊状体的口部还生有一个膜瓣，一旦有活物进入，膜瓣就会自动关上，这样，闯入的小动物就再也逃不出来。

黄花狸藻生活在水中，它们所捕获的猎物大多是水蚤一类的水生节肢动物或水生昆虫，也正是这些猎物所含的动物蛋白才补充了黄花狸藻的营养不足。

狸藻科植物几乎个个都是捕捉昆虫的好手，就拿狸藻来说，它和黄花狸藻一样生活在水中，全身柔软，茎长得像绳索，分枝很多，总长可达 60 厘米。狸藻也开黄色的唇形花，叶片也分裂，裂片的基部也长有球形的捕虫囊。它们分布在我国的河北、甘肃、青海、陕西、内蒙古、吉林、浙江等地，在朝鲜、日本和俄罗斯的部分远东地区也可见到狸藻。

在狸藻家族中，除了狸藻和黄花狸藻以外，其他成员都营陆生生活。后者虽然也过捕虫生活，但捕虫方法却不尽相同。

狸藻家族中的密花狸藻，生长于空旷的低地上，分布于我国的云南、广东、台湾等省以及朝鲜、日本和印度。密花狸藻的茎也很柔弱，但能直立于地上，是一年生草本植物。密花狸藻的名称来自于它们的花，密花狸藻开的也是唇形花，不过花是蓝色的。它的花葶高达 10～35 厘米，上面生着小小的近乎无柄的花儿。这些花组成了密密的总状花序，密花狸藻的名称就是这么来的。

密花狸藻的叶子非常细小，到了开花时分就已萎缩，因此要指望它们进行光合作用来制作养料是不现实的。密花狸藻也靠捕虫为生，它们的捕虫囊长在根部，这些捕虫囊数量很多，凡是路过的虫子或是在土壤中活动的虫子一不小心就会掉入它们的陷阱。

狸藻家族中比较有名的还有捕虫堇，这种植物是多年生草本植物，分布于我国的云南、四川、西藏，印度和俄罗斯的一些地方也能找到它们的踪迹。捕虫堇长有短短的根状茎，茎的基部长有几枚淡绿色的柔软叶子。这种叶子看上去毫不起眼，顶端钝圆，长1.5～3 厘米，长有短短的叶柄，可就是它们，成为捕虫堇捕虫的利器！这是因为捕虫堇的叶子上具有无数的腺毛，而且腺毛会分泌黏液，小虫一旦粘上，要想脱身就很难。

在狸藻家族中，样子最古怪的要数挖耳草。挖耳草是直立的一年生草本植物，它们的茎非常纤细，叶子生在茎的基部，不含叶绿素。这些叶子有的像调匙，有的呈条状。挖耳草开花时，叶子会萎缩，但叶子上的捕虫囊却依然能发挥作用。挖耳草也开黄色唇形花，到了结果期，花萼会增大下垂，长成挖耳匙状。在我国，挖耳草分布于浙江、安徽、江苏、福建、江西、广东、广西、湖南、云南等省，它们常长在空旷的湿地上。

同样都是狸藻，生活在不同的环境里，在漫长的进化过程中，它们长出不同的捕虫囊和捕虫叶，很好地生存下来，植物的适应性真令人叹为观止。

（张小林）

“绞杀树”

在北京植物园的温室里，有一棵黄葛张开了章鱼触腕般的气生根，将另一棵大树紧紧缠住。大树虽然比黄葛更为高大、健壮，但在黄葛气生根的缠绕下，早已被勒得奄奄一息，看来，最终难逃被勒死的命运。

同样的情况人们还可以在云南西双版纳的雨林谷中看到。在那里，有一棵被称作“绞杀王”的榕树，树龄达300年，长到了40多米高，根系所围成的圆周长已超过30米，7个成年人手拉手才能围住“绞杀王”的一半树干。“绞杀王”下长出上万条气生根，被害者已经“尸骨无存”。

绞杀树为什么要对被害者进行绞杀？它们是怎样达到自己目的的？植物之间的绞杀现象又给我们人类以什么启示？

绞杀植物主要生活在热带雨林中，它们包括桑科植物中的榕属、五加科植物中的鸭脚木属和漆树科植物中的酸草属等。

19世纪时，一位叫辛伯尔的植物学家经过长期研究，将生长在潮湿热带地区的常绿森林植被称为热带雨林。我们知道，在热带雨林中，植物与植物之间的竞争是十分激烈的。据不完全统计，在仅占世界陆地面积3%的热带雨林中，所包含的植物种类竟达世界植物种类总数的50%！

在热带雨林中，植物的密度是很大的，为了争夺阳光、空间和养分，植物之间往往会发生残酷的生存斗争。省藤等藤本植物会攀援在大树之上，借助别的植物的帮助，使自己扶摇直上，争取到上层的阳光。而豆科、凤梨科、天南星科等一些附生植物则附着在别的植物的枝条和叶片上，生长得生机勃勃，它们是靠吸取其他植物身上的养分和水分而生存的。

绞杀植物的生活习性则介于附生和独立生活之间，比如说，被称为“绞杀之王”的大青树本是榕属植物在西双版纳的俗称，在当地，大青树有50余种，它们结的果子十分诱人，是过路鸟儿和野兽常吃的食物。

大青树的种子却很小，种皮又很坚硬，鸟兽吃下果实后，消化了果肉却不能消化种子，它们飞到树顶或攀到枝桠上就会将包含种子的粪便排到那儿。

在热带雨林的阴湿环境中，大青树的种子很快就发芽了，长出细细的气生根，这些气生根能吸取空气中的水分和附着于植物身上的养分。慢慢的，小大青树长大了，一旦它们的气生根顺着被附着植物的茎干向下长入土中，小大青树便迅速长大。这时，原先专为攀附其他植物而长出的气生根便长出许多侧根来，这些侧根能稳稳地撑住大青树，而且，还能从它们的身上再长出侧根来。原先的侧根和稍后长出的侧根与数不清的气生根，就如同一张巨大的网将大青树所附着的植物包围。

与此同时，大青树的强大根系拼命地吸食水分和营养，而它所张开的树网将被害者围住，不让它们增粗，勒断了它们输送营养的韧皮部。大青树最凶狠的一招则是，在独立吸收水分和营养之后，便迅速地抽枝长叶，将被包围的树木所需要的阳光和空间剥夺得一干二净，终有一天，被围的树木便悲惨地死去，而它的残躯则又供大青树独享，消化吸收，大青树自己就成为热带雨林上层的统治者。

令人惊叹的是，大青树不仅绞杀别的植物，它们自身也会互相残杀。著名的进化论者、英国科学家达尔文所说的“物竞天择，适者生存”的原则在热带雨林的生存斗争中被诠释得淋漓尽致。

在云南西双版纳勐仑的翠屏峰，路人看到了一棵叫黄葛的榕树用无数的气生根将另一棵胸径达 1.1 米的菩提树团团围住，黄葛和菩提树的根部已经融合在一起，看样子，黄葛很快就要下毒手了。而在勐仑植物园里，一棵也许曾经绞杀过其他植物的黄葛却被别的绞杀榕树用树网团团围住，虽然黄葛长得很高大，树高达 30 多米，直径达 1.6 米，但却没有能力挣脱围在它身上的网，死神已在暗暗向它招手。自然界的生存斗争就是如此残酷！

一些大青树的绞杀行为往往会造成“独木成林”的现象。这是因为大青树一旦完成了“绞杀”以后，它们的枝桠会拼命向外扩张，一旦枝桠长得过于沉重，便会压伤自身的韧皮层。有时候，大风也常使枝干受损。在这种情况下，受伤的地方常常会生出一条条气生根，这些气生根又会下垂，扎入土中，吮吸水分和无机盐。气生根慢慢长粗长大，就会形成支柱根，撑起沉重的枝桠，当气生根越长越粗以后，就出现了独木成林的现象。

在亚洲的热带雨林里，大青树对受害者采取的是“绞杀”战术，而在遥远的巴拿马，生活在热带雨林的一些大树则采取挤压战术。一些大树为了排挤其他植物，它们的根部往往变得肿胀，而且，肿胀的程度会越来越厉害。最终，它们会将邻近植物的根部挤出地面，使其因根系被破坏而死去。

（张小林）

能源树

在海南省吊罗山的热带雨林里，生长着一种能产油的大树。

科研人员经过仔细鉴定，发现它就是豆科植物中的油楠。油楠的叶子呈革质，椭圆形或长椭圆形，长5～10厘米。开花时长出顶生的圆锥花序，花序上密生着黄色的绒毛，荚果圆形或卵圆形，长4～8厘米。油楠的全身都长刺，若是受到损伤，从茎干或枝条便会流出胶汁来。

在国外，油楠分布于东南亚的热带地区。在菲律宾和越南都曾发现过油楠的踪迹。在海南岛，当地的居民常用油楠木制作水车，油楠分泌的树汁被当地居民用来点灯。根据他们的经验，当油楠树长到12～15米高时就可以在树干上钻一个直径为5厘米的洞，2～3小时以后洞中便会流出5～10升浅黄色的树汁。这种树汁并不需要进行任何加工，就可以直接加入柴油机中当作燃料使用。科研人员利用手中的器具将油楠的树汁采了回来，经过蒸馏再加以分析，发现其中75％是无色透明的具有芳香气息的芳香油，而其余的25％则是棕色的树脂。

科学家发现，芳香油中共有11种化合物，其中40.8％是依兰烯，30.5％是丁香烯，6.4％是杜松烯，其余的一些烯类化合物，如华拔烯、蛇麻烯、依兰油烯灯的含量则在4.4％以下。

科学家为发现油楠而感到兴奋，这不仅是因为油楠是国家二级保护植物，更因为像油楠这样体内含有“油料”的植物在能源日渐短缺的今天，实在是显得太珍贵了。

随着科学技术的发展，人们对能源的需求越来越大，煤、天然气和石油等能源物质便变得越来越重要。因此有人想，既然煤、天然气和石油是由远古时代的高大蕨类植物、海洋的浮游生物经过千百万年的地壳作用而形成的，那么能不能直接从含有能源的植物中提取“石油”，供人们利用呢？

科学家们经过调查后发现，全世界至少有近4 000种灌木、400多种花卉的体内含有一定比例的燃油。其中，至少有30多种植物含有丰富的燃油。

目前，我国的科学家正在积极想方设法寻找能源植物，而且，随着世界油价的上涨、能源的日渐缺乏，这种寻找变得更加迫切了。

在海南省，除了油楠以外，人们还找到了牛角瓜和光棍树。牛角瓜又叫狗仔花、断肠草、羊浸树、五狗卧花，属于萝藦科，是一种直立的灌木，高达3米，幼嫩的部分长有灰白色的浓毛。牛角瓜的叶子对生，有短短的叶柄，长8～20厘米，宽3.5～9.5厘米，叶子的两边都长毛，老熟以后才逐渐脱落。牛角瓜的花序呈聚伞状，花冠紫蓝色，呈钟状。种子宽卵形，顶端长有绢质的长约2.5厘米的白色种毛。

牛角瓜分布于我国的广东、广西、海南、云南和四川。在国外，越南、缅甸、印度、斯里兰卡和马来西亚也都有分布。在海南岛，牛角瓜主要分布在西部和南部的沿海沙滩地上，它们的生长速度极快，每个星期可长高30厘米。

油楠

牛角瓜的茎皮纤维可作为造纸的原料，它的果实可用来杀虫和驱蚊，乳汁则可以用来治疗皮肤病，科学家更关心它们的树汁，因为这种树汁含有大量的碳氢化合物，完全可以作为石油的替代品。

据统计，每种植1公顷的牛角瓜，一年收获的树汁就可以提炼1万多升的“石油”。

光棍树也生长在海南岛，它又叫绿玉树、绿珊瑚、神仙棒和龙骨树，是一种灌木或小乔木，高0.3～5米，分枝呈圆柱状，叶对生或轮生，它的小枝细长、绿色，稍呈肉质，极像一根根棍子。叶子大都已退化成鳞片状，或只有少数散生在小枝的顶部。

光棍树的聚伞花序呈杯状，果实为蒴果，直径约6毫米，种子呈卵形。光棍树被砍处会分泌出白色的乳汁，这种乳汁有毒，但富含大戟醇、正二十六醇和其他碳氢化合物，经提炼后，完全可以成为石油的替代物。

（张小林）

花王之谜

1854年8月,一位名叫华莱士的英国人(日后他与著名的科学家达尔文合著了《进化论》)来到马来群岛,采集和调查许许多多原来人们并不知道的动植物。

华莱士是一位作风严谨的科学家,为了探究自然的奥秘,他日复一日、年复一年地往返于英国和马来群岛之间。在8年的时间里,华莱士行程2.6万千米,采集了12余万件标本。

面对马来群岛旖旎的热带风光,面对那里奇异而珍贵的物种,华莱士挥笔写下了堪称不朽之作的《马来群岛自然考察记:红毛猩猩和天堂鸟之地》。

华莱士在这本书中特别提到了一种生长在热带雨林中的巨大无比的花朵——大花草,以及大花草的发现者莱佛士的名字。

莱佛士何许人也?他是怎样与大花草联系在一起的?要说起这一切,必须从1818年的那次奇遇谈起。

1818年5月,莱佛士刚当上英联邦爪哇省的副总督,莱佛士本人既是一位探险家,又是一位植物学爱好者。他早就听当地人说,在苏门答腊的热带雨林中隐藏着一种奇怪的植物,这种植物开着巨大的花,发出刺鼻的臭味,只是,这种怪花行踪诡秘,很难轻易被发现。莱佛士听了这些传闻之后心痒痒的,于是不顾危险,邀请自己的好友、植物学家亚诺尔德博士,并带上自己的妻子一起去雨林中考察。

在潮湿阴暗的森林里,莱佛士一行看到了各种各样奇奇怪怪的大树,有的大树树干笔挺,有的

大树茎的基部向下膨大,像是刻出很深的沟。很多大树都长出巨大的板状根,这些板状根像火箭的尾翼一般撑住了擎天大树。

在这里,莱佛士还看到了纵横雨林的巨大藤本植物,它们有的下坠形成"绳环",有的又如巨蟒穿行在林中,从一棵大树攀到另一棵大树。

林中没有现成的路,莱佛士他们还是坚持向前挺进,在一处林边,他们终于看到了令他们永生难忘的一幕:一朵暗红色的缀有黑色斑纹的巨花盛开在地面上。花瓣看上去很肥厚,呈倒卵形,长约 40 厘米,厚达 3 厘米。仔细看,上面还生有灰白色的乳头状突起。

大花共有 5 瓣花瓣,花的中心像个脸盆,里面能盛下 7～8 升水。这个"脸盆"其实就是大花草的蜜槽,直径约有 33 厘米,高达 30 厘米,上面长有许多小刺,里面还盛有花蜜,生有雌蕊和雄蕊。

后来人们才知道,蜜槽里盛的花蜜却只在花儿刚开放 2～3 天时才发出淡淡香气,3 天一过,香气便慢慢变成臭气,最后竟变得臭不可闻,像粪便、臭鱼烂虾或尸体的味道。

大花的臭气令人作呕,但却招来飞舞的蝇类和甲虫,它们逐臭而来,在大花上忙碌地爬来爬去,替大花进行义务传粉。当传粉工作宣告结束之后,大花的花瓣便慢慢如稀泥般腐烂,一代花王的生命便宣告结束。从开花到腐烂,前后不过几个星期的时间,而从受精到果实成熟则大约需要 7 个月的时间。

莱佛士的同伴亚诺尔德替大花命了名,叫它大花草,于是大花草便被称作"亚诺尔德"。大花草属大花草科大花草属,在大花草科植物中大花草是个体最大的。现已保存的标本中,大花草的花直径最大达 106.7 厘米,堪称花中的大王。在印度尼西亚,人们把大花草称作"本加·帕特马",意思是荷花,但大花草和荷花的亲缘关系实在很远。

大花草既无叶,也无茎。在幽暗的环境中,即使有叶绿素,光合作用的效率也必定很差。何况大花草的全身并不含叶绿素,光合作用无从谈起。那么,大花草到底是靠什么生存下来的呢?

原来,大花草专靠真菌菌丝体般的丝状组织扎进葡萄科植物白粉藤的根部吸取营养和水分,过着舒适的寄生生活。

大花草柔弱的丝状组织是如何进入寄主坚硬的根组织中去的呢?关于这一点,目前的争论较多,因为人们知道,大花草的种子极小、极轻,在一般情况下是很难进入寄主根部的。有人认为,在某些偶然因素的作用下,比如由于野生动物的啃咬,寄主的根部出现了伤口,当大花草的种子又正巧落在伤口上,种子便开始萌发。但也有人认为,是寄主的根细胞分泌的液体刺激了大花草种子,使种子萌发,生出类似于肉苁蓉种子上长出的吸器，这种吸器能产生某种酶将寄主的细胞壁溶解，吸器便乘虚而入。因为大花草实在难以寻觅，事实的真相便难以考证。

当大花草种子的种皮膨胀以后，便萌发成幼芽，幼芽会慢慢长成扭曲的花蕾，当花蕾舒展开来，花王便向世人展示它的雄姿。

大花草硕大无比的花朵能起补肾健体的作用，从大花草幼芽中提取的汁液，服用以后能帮助孕妇恢复体形，因此具有较高的药用价值。

科学家更关心的是大花草的科研价值，因为大花草必须寄生在某一种或几种葡萄科植物的根部才能生存，因此如果寄主消失了，大花草自然也就活不成了。可是，目前的形势实在堪忧，在印度尼西亚和马来西亚，由于大批的热带雨林被伐，大花草寄主的数量业已大大减少，40 多年前，两种大花草业已绝迹，而剩下的几种也处于风雨飘摇的状态。特别是亚诺尔德大花草目前的分布范围仅限于苏门答腊和婆罗洲，已被列入世界濒危植物的名单，再不抢救就悔之晚矣。

从 20 世纪 80 年代起，新加坡的某个植物园已开始试着在一种名为“四斑兰谢奥拉里乌姆”的藤本植物上试栽大花草，眼下已取得了初步成功。

另一些科学家则试图利用先进的手段来探索大花草的亲缘关系，并借以攻克人工繁殖大花草的难题。美国密歇根大学的巴克曼最近带领他的研究小组利用线粒体 DNA 的分析方法，发现大花草其实和西番莲科西番莲属植物具有较近的亲缘关系。这个发现对人工繁殖大花草的工作无疑是非常有帮助的。

（张小林）

世界植物之最

陆地上最长的植物：白藤，它从根部到顶部，达 300 米，比世界上最高的桉树还长一倍呢。白藤长度的最高纪录竟达 400 米。

最高的树：澳洲的杏仁桉树，一般高达 100 米，曾有一株，高达 156 米。

体积最大的植物：美国的巨杉，一般高 100 米左右，最高的一棵有 142 米，直径有 12 米，树干周长为 37 米，需要二十来个成年人才能抱住它。

奇怪的伙伴

2002 年 12 月 30 日,我国的“神舟”四号宇宙飞船飞上了天,它绕地球轨道飞行了 6 天又 18 个小时后,于 2003 年 1 月 15 日顺利返回地面。

在“神舟”四号飞船起飞之前,搭载了梭梭和肉苁蓉的种子进行科学实验,这些种子全部来自内蒙古的阿拉善盟地区。

从 2003 年 5 月 20 日起,这些经过太空旅行的植物种子被种在阿拉善盟的大地上,又经过将近 6 个月的时光,种子发芽了,这些植物全都表现出生长快、抗病能力强的特点。

经过太空旅行的植物种子到底会发生什么生理变化,我们姑且不去讨论它。在这里,我们只想知道梭梭和肉苁蓉到底是什么植物。

梭梭是地球上最顽强的植物之一。梭梭生活在我国西北部的沙漠地区,那里的昼夜温差达 60～70 ℃,一年的降雨量通常不超过 300 毫米,有时甚至全年也不下雨,但梭梭却仍然顽强地生活在沙漠里。为了适应环境,梭梭的全身早就变得光秃秃的了,它们的叶子退化成小小的鳞片,以防止水分从叶面蒸腾。叶子虽然变小,但梭梭的幼枝却变得绿油油的,以代替叶子进行光合作用。

盛夏到了,天气过于炎热,梭梭的枝条赶紧开出一朵朵小花,以后便早早进入休眠期。在此期间,梭梭的一切生命活动都像是停止了,直到秋凉,它的种子才成熟。这种种子的生命力特别强,落地以后,只要遇到合适的温度和湿度就能在几个小时之内萌发,长成幼苗。以后,它们的生长速度更是惊人,很快就变得成熟起来。

梭梭分布在我国的内蒙古、新疆、甘肃、青海和宁夏一带,当地的居民常将枯死的梭梭作为燃料使用。梭梭在燃烧时火力很旺,又很少冒烟,所以被称作沙煤,而梭梭的嫩枝在冬天则可以作为骆驼的饲料。生态学家认为,梭梭的作用远不止于此,因为梭梭能顽强地生活在沙漠中,它们的根扎得很深,能起到防风固沙的作用,在漫长的生存竞争中,梭梭的抗旱能力发挥到极致,它们对于维护脆弱的沙漠地区的生态平衡起了极其重要的作用。

肉苁蓉可以说是与梭梭相伴而生的,哪里有梭梭,哪里就很可能找到肉苁蓉。肉苁蓉的外形十分古怪,全身黄褐色,并无叶绿素,长达 10～45 厘米,终生躲在地底下。

肉苁蓉的叶子早已退化，鳞片状盘旋排列在茎上，不能进行光合作用。那么，肉苁蓉又是如何获得营养的呢？原来，肉苁蓉所需的养分全部来自寄主。在一般情况下，肉苁蓉会寄生在梭梭的根上。

每年 5 月份，肉苁蓉隐蔽在地下的肉质茎的顶端抽出一个花序。那花序顶出地面，长达 20 厘米，上面长满了紫色的小花。从开花到结籽，前后不过 30 天的时间，肉苁蓉就结出椭圆形的果实。果实中藏着许许多多比芝麻还小的种子。

这些种子混在沙中随风飘散，到处漫游。有趣的是，肉苁蓉的种子需要 2 年的时间才能萌发。肉苁蓉是如何找到寄主并寄生在它们身上的呢？

取来肉苁蓉的种子，将它切开，就可以发现这种长度仅为 0.4～0.7 毫米的种子的细胞壁呈蜂房状，而它的胚乳外面则包着一层蜡质，正因为如此，这种种子能忍受干旱、高温和昼夜温差大的煎熬，活上好几年。

当肉苁蓉的种子遇到梭梭的根部，便会在根细胞分泌物的刺激下从珠孔萌发出1～3 厘米长的吸器。当吸器遇到梭梭的根部，就会径直钻进去。以后，肉苁蓉便利用梭梭的营养长成肉乎乎的棍子。这种棍子富含糖分、淀粉和水分，最长可长到 2 米，重达数十千克，被当地人称作甜大蓉、肉松蓉和地精。

干燥后的肉苁蓉药用价值很高，它具有多种糖苷类活性成分，味甜，性温，有补肾阴、益精血、润肠通便的功能，可以治疗妇女不孕和腰膝发软等病症。但由于受到滥挖乱采的影响，肉苁蓉的野生资源已经受到严重破坏，目前已和梭梭一样，被列入国家三级保护植物的名单。

说过了肉苁蓉，有必要再提一下草苁蓉。草苁蓉和肉苁蓉一样属于列当科，也是一种营寄生生活的草本植物。草苁蓉的紫色根状茎会呈瘤状膨大，肉质，高 15～35 厘米，直径为 1～2 厘米，而叶片则退化成鳞片状，集中生在茎的基部。每年 7 月份，草苁蓉抽出暗紫色的肉穗花序，花序长达 14 厘米。

草苁蓉生长在我国东北地区、日本、朝鲜和俄罗斯。它们寄生在桤木、赤杨的根部，第一年先形成一串串疙瘩，第二年便长成黄豆大小的原始体，第三年根状茎上才抽生花序，因此生长过程比较漫长。

据研究，草苁蓉的全株含有甘露醇、生物碱、草苁蓉醛和草苁蓉内脂，因此全身都可入药，有补肾壮阳、润肠通便的作用，主治肾虚阳痿、腰膝腿痛、肠燥便秘以及膀胱炎等，经常服用可以延年益寿，因此民间称它为不老草。

（张小林）

神奇的“牛角”

16 世纪的一天晚上，墨西哥南部的一个小山村里，万籁俱寂，伸手不见五指。村头忽然传来几声惨叫，西班牙传教士佛朗哥披衣而起，举着火把前去看个究竟。

村子里住的都是阿兹台克人，他们骁勇善战，但对佛朗哥却十分友善。只是有一点，他们从来不让佛朗哥接近一间茅屋，而此时此刻，惨叫声却正是从茅屋中传出的。

当佛朗哥赶到那间神秘的茅屋前时，他嗅到了一股浓烈的血腥味。推开门进去，佛朗哥发现这本是一间祭神的屋子。屋子里，满脸潮红、陷入昏迷状态的村民东倒西歪地躺了一地。供桌上一头山羊已被开膛破肚，而血腥味就是从那儿发出的。

桌子上有一些人们吃剩的紫黑色牛角状物体，佛朗哥克制不住自己的好奇心，也抓过来吃了一个。不久，他便出现了幻觉，火鸡、美洲豹、妖魔鬼怪在眼前轮番地出现，弄得他疲惫不堪。事后，佛朗哥把自己所遇到的一切原原本本都记了下来。

现代科学告诉人们，这种紫黑色的“牛角”是麦角菌科植物麦角菌的菌核，它们的直径约为 0.6 厘米，长 1～3 厘米，质地非常坚硬，形状又像牛角，故被称作麦角。

麦角菌是一种真菌，属于子囊菌亚门。在生长过程中，麦角菌会侵入大麦、小麦、黑麦等禾本科植物的体内，寄生在它们的子房内。当人们食用了混有菌核的麦类碾成的面粉时就有可能出现皮肤刺痒、头晕、幻觉、感觉迟缓、语言不清、痉挛等症状，严重的甚至昏迷，最后极有可能死于心力衰竭。

麦角之所以有毒是因为麦角中含有麦角新碱、麦角胺、麦角毒碱等多种生物碱。麦角中有毒生物碱的含量通常为 0.015%～0.017%，最高竟达到 0.22%。而一旦麦子中混有 5%的麦角就不能食用和供作饲料了。令人头疼的是，麦角的毒性相当稳定，可以保持数年之久，甚至连放在火上烘烤也不能使它们失去毒性。

幸好，人们已经想出很多办法来防止受到麦角的伤害，比如，可以先用肉眼认出并弃去麦角，或用机械的方法除去麦角。最绝的是，利用麦角和麦穗密度的不同，可以用 25%的盐水漂去麦角。当然，最保险的还是：

运用科学的方法去检验面粉中麦角的含量是否低于允许的含量。

此外，在翻地时可深翻土地，使菌核不能萌发；也可与非禾本科作物轮作；更可以清除麦田内外的野生寄主。

人们分析，生活在墨西哥南部的阿兹台克人之所以要服用麦角，是因为他们想使自己出现幻觉，以便更好地与“神灵”沟通。而在医学上，人们已经将麦角作为药物用于治疗。比如，麦角制剂常可作为子宫出血或内脏出血时的止血剂，而麦角胺则可以治疗偏头痛和放射病。

令人产生幻觉的化学成分主要是麦角酸二乙酰胺，它是麦角酸的一种衍生物，是麦角生物碱中的一种天然成分。1935年，瑞士化学家从麦角菌中提取了麦角酸。1948年，一位名叫艾伯特·霍夫曼的科学家又从麦角酸中发现了麦角酸二乙酰胺。随着科学技术的发展，对于麦角的研究已经越来越深入。

令植物学家感兴趣的倒是麦角菌选择寄主的形式。麦角菌分布在欧洲、埃及、中国以及美洲一些地区，寄主达35属70多种之多，它们是怎样进入寄主体内的呢？麦角是落地过冬的，当春天到来、寄主开花时，麦角菌的菌核正好萌发成红头紫柄的子座，每一个菌核竟可以长出26～30个子座。每个子座又会长出一层排列整齐的子囊壳，子囊壳内是许许多多的子囊。每个子囊呢，含有8枚针形的子囊孢子。这种孢子重量很轻，很容易飘散，遇到了气流、雨水或昆虫，就被传播到麦穗上萌发成芽管。当芽管侵入麦类植物的子房时，就会长出菌丝。这些菌丝很快充满子房并又生出许多分生孢子。

这个时候，最令人不可思议的一幕出现了——麦角菌的菌丝居然分泌出了蜜汁！这种蜜汁溢出子房，吸引蜜蜂和其他昆虫前来采蜜。当这些“昆虫媒人”飞到麦穗时，就把分生孢子带了过去，无意之中播种了祸害。最后，当菌丝不再产生分生孢子时，它们就形成了坚硬的紫黑色“牛角”。

（张小林）

蜇人的植物

在我国首都北京的西南部,位于河北省涞水县境内,有一处名叫野三坡的地方,在野三坡有一条远近闻名的蝎子沟。

在蝎子沟里遇到的并不是蝎子,而是一种名叫蝎子草的植物。整条蝎子沟长达 11 千米,里面到处长满了蝎子草,它的叶子长得有一些像桑叶,看上去很是温柔可爱,如果不小心碰到了它,就会感到疼痛难忍。这是什么道理呢?

原来蝎子草的全身都长着毛,叶片背面生的毛是蜇毛。若不小心碰到了蜇毛,蜇毛便会扎进身体。蜇毛为什么会使人感到痛苦呢?这是因为蜇毛是一种由表皮细胞延长而形成的腺毛。它由两部分组成,表面部分被称为单细胞毛管,基部便是由许多细胞组成的毛枕。

毛枕会分泌并贮藏毒液,这种毒液的成分十分复杂,有甲酸,有乙酸,也有酪酸,更有含氮的酸性物质和一些酶。毛枕中贮藏的毒液被输送到毛管中,毛管的一端成了刺,基部很硬,中间却很脆弱。刺扎进人或动物的皮肤内,便会被折断,于是毒液便一股脑儿被送进被害者的身体。

蝎子草分布于我国的陕西、河北、河南西部、内蒙古的东部和东北部,以及朝鲜。和蝎子草一样会蜇人的还有分布于我国云南、贵州、湖南西部和四川西南部,以及老挝、缅甸、印度的大蝎子草。

与蝎子草相比,大蝎子草的个子要大得多。大蝎子草也是草本植物,最高可长到 2.5 米。它的叶子呈五角形,全身也长满可怕的蜇毛,被蜇后也会感到疼痛无比,像是被蝎子或马蜂蜇着一般,被蜇的地方以后还会出现红肿,几小时或几天以后才会消去。

蝎子草和大蝎子草都属荨麻科。许多荨麻科的植物都会蜇人,它们共分 5 个属 30 多种,遍布全国各地。比如,南方常见的蜇人植物有荨麻和大蝎子草,北方则有蝎子草、焮麻和狭叶荨麻。此外,生活在广东和海南的海南火麻树,生活在广东、广西、云南的圆齿火麻树和圆基叶火麻树也都会蜇人,人、畜被蜇以后皮肤都会红肿并感到疼痛难当。

被蝎子草一类蜇人植物蜇伤以后千万不要惊慌,应该马上用肥皂水冲洗或涂抹碳酸氢钠溶液以中和毒液。如果皮肤已经被扎破,则应该马上敷上浓茶或鞣酸,以免受到感染。

其实,许多荨麻科植物是很好的药用植物和经济植物,就拿荨麻来说吧，它的全草都可供药用，可治疗风湿和虫咬。它的营养价值十分丰富。据测定，每千克荨麻叶和嫩枝的干物质中，竟含胡萝卜素140～300毫克、维生素C 1 000～2 000毫克、维生素K 25毫克、维生素B_3 20毫克。荨麻的千克干物质中，铁、锰的含量比苜蓿的还多3倍，铜、锌的含量更比苜蓿的多5倍！此外，荨麻还含有单宁、有机酸和其他一些活性物质。科学家发现，用荨麻来喂家禽，不仅产蛋多，而且还可以防治疾病。以往，国内尚无种植荨麻以作纺织原料的先例。2002年，在我国的新疆，有人开始规划人工种植荨麻以获取荨麻的纤维。这是因为荨麻纤维的韧性很强，可以织出优质的防弹衣。

同属荨麻科的苎麻也有很大的利用价值。苎麻产于我国的山东、河南和陕西以南的各个省区，它的茎皮纤维可供制作夏布，是制造优质纸的原料。苎麻的根和叶可供药用，有清热、解毒、止血、消肿、利尿、安胎的作用。苎麻的叶子既可以养蚕，也可以作饲料，种子榨油以后可供食用。

随着育种技术的发展，中国农业科学院的科研人员经过引种、驯化，成功地培育出杂交荨麻。这种杂交荨麻可作蔬菜，它味道鲜美，口感滑腻，营养丰富，每100克嫩茎或叶中含粗蛋白4.66克，脂肪0.62克，粗纤维4.34克，碳水化合物9.64克，还含有丰富的铁、钙等无机盐、胡萝卜素和维生素C。

难能可贵的是，杂交荨麻根的提取物含有多糖类化合物，能调节T淋巴细胞的免疫功能，阻止癌细胞的分化与扩散，可治疗前列腺肥大或其他一些癌症，因而正越来越引起人们的注意。

蝎子草等荨麻植物为什么会生出如此可怕的蜇毛呢？科学家告诉我们，这是植物出于防卫的需要，一些植物看上去很诱人，它们的叶子是许多食草动物乐于享用的。天长地久，为了免遭灭顶之灾，一些植物体内便产生了单宁等涩嘴的化学物质，另一些植物则干脆进化出各种各样的毒针、毒刺和其他稀奇古怪的小玩意儿。

植物体内产生的化学物质一般都是新陈代谢的产物，它们有的有毒，有的无毒，被称作是植物的次生物质。

（张小林）

抗癌植物

目前,全世界每年约有300万人死于癌症。科学家们通过现代冷冻、放射、激光、干扰素、伽马刀等现代医疗手段,致力于如何克服这个痼疾时,植物学家们却在生机勃勃的植物世界中寻找攻癌的良药。

美国植物学家罗伯特·珀杜的研究室收罗了全世界50 000多种植物,经过20多年的研究,已发现能抗癌和致癌的植物约有2 200多种。

在治疗癌症中有效的植物不少,如猴头菌、蘑菇、灵芝、冬虫夏草等。日本已将蘑菇提取物与矿泉水制成"蘑菇矿泉水"饮料,用于防癌、治癌,因为蘑菇中含有的嘌呤碱能抑制癌细胞生长。在无花果和番木瓜中则含有对付白血病的物质天门冬氨酸。味道可口的番木瓜,含有能抗白血病和肿瘤细胞的植物盐基。

在观赏花木中也有抗癌物存在,如日本药学家在花园中发现极普通的"日日草"(在我国称之为长春花),它是一年生直立草本植物,夏秋开花,体内含有生物碱67种,其中6种有抗癌作用。从它体内提取的物质,能使患晚期癌的小鼠生存期延长15～60天。这种植物最早被加拿大和美国学者用来治疗糖尿病,经病理化验证明,它会引起白细胞减少,于是采用逆转实验,专门用于白血病治疗,有很大效果。

人们喜欢吃的"菱角"能治疗子宫癌和胃癌,仙人球、仙人掌、龙舌兰中含有的一种名叫"角蒂仙"的成分对癌症和肺结核都有疗效。

胡萝卜、南瓜、豆芽菜、杏干等,含有阻断人体和动物中合成致癌物质亚硝酸胺的物质,有抗癌的作用。

大蒜也是抗癌性很强的植物,大蒜中的蒜碱容易被大蒜中的蒜酶分解,分解后的"生蒜辣素"有极强的杀菌作用,在20世纪60年代,美国科学家发现了大蒜内的氨基酸能抑制癌症的扩大。

另外,意大利和美国科学家们发现马兜铃块根中所含的马兜铃素有提升白细胞及增强吞噬细胞的吞噬功能,医治肿瘤病有显著疗效。在秋水仙中发现有抑制宫颈癌、乳腺癌的秋水仙碱。近年来,我国科学家从海南岛的粗榧树中还提炼出了名叫"三尖杉酯碱"的化学物质,用于治疗白血病。

(邬志星)

叶上奇观——叶斑

根据世界上的流行趋势，家庭园艺装饰的室内主角将是观叶植物。因为观叶植物布置在室内任何地方都能展现它的本色，是自然和生命的标志。观叶植物备受青睐，是因为它能体现出植物的形态美、色彩美、风韵美。园艺科技工作者经过多年研究，已成功地从200多种植物中筛选出供室内布置、具有较高观赏价值的观叶植物100多种，特别是那些能给人们以旖旎热带风光感觉的观叶植物，如各种橡皮树、藤本的龟背竹、喜林芋、色泽美丽的变叶木，还有叶子上有各种花纹的花叶芋、花叶颇为奇特的凤梨科植物。

观叶植物最大的特性是能在光线较暗的地方生长。这主要是它具有光补偿点低的特点。所谓光补偿点是指植物在一定的光照下，光合作用吸收的二氧化碳和呼吸释放的氧气数量达到平衡状态时的光照强度。当光照强度高于光补偿点时，植物才能积累干物质。由于喜阳植物光补偿点高于喜阴植物，因此在室内光线较暗的情况下，不易积累干物质，甚至还会出现叶子脱落、枯萎等状况，如在室内种植喜光性的月季、五针松、石榴、菊花等都不易成活，而观叶植物则有条件成为家庭园艺热中的室内主要绿色植物。

在秋色迷人的庭院中，人们可以看到黄、绿、红叶层林尽染的景色，更为吸引人的还有叶片上的各色图案。如窗台上悬吊的金边常青藤、白绿相间的叶片在微风中迎风摇曳于案几上的花叶芋，它那碧绿的叶片呈现出点点红斑。叶子上彩色的斑点或图案叫做“叶斑”。“叶斑”名称很多，如生长于热带地区的著名观叶植物“变叶木”，它的叶子形状极多，有狮耳大叶的，也有鸭脚戟形的，在叶子上显现的“叶斑”有黄斑、橙斑、粉红斑和褐色斑点，缀

于绿叶之中，有条纹状的，也有斑点的，科学家们把这种斑点叫做“虎斑”。叶子芋艿状的花叶芋，有的绿叶上有红白色点，被称之为“星斑”；有的绿叶上有殷红的线条勾勒出叶脉清晰的轮廓，名叫“网斑”。吊兰素有“凌波仙子”之称，金边吊兰叶面上黄色呈丝带状的斑纹更显特色，被称为“缟斑”。

彩叶草

阔叶双叶木

这些奇异的色斑，经科学家们研究认为，是由于叶片细胞中的色素在起“魔术师”的作用。当叶子中的叶绿素生成机制一旦受阻或细胞产生基因突变后，在某一部位若被花青素、叶黄素、胡萝卜素侵入，即会出现叶面上色彩斑斓的奇观。这一有趣的植物生理变化还能通过物理、化学等方法，如用 X 光照射来使植物叶内发生突变来使叶片出现“叶斑”现象。许多科学家认为，若干年后人们一旦掌握能使叶斑不断出现在叶片中的方法，植物的观赏价值将会更高。

（张春荧）

世界植物之最

木材最轻的树：美洲热带森林里的轻木，是生长最快的树木之一，也是世界上最轻的木材。

比钢铁还要硬的树：铁桦树，木质坚硬，比橡树硬三倍，比普通的钢硬一倍，是世界上最硬的木材，人们能把它用作金属的代用品。

树冠最大的树：孟加拉榕树，它的树冠可以覆盖 15 亩左右的土地。

紫荆与紫荆花

香港市花紫荆花的形象人们已经很熟悉了,它的花大而且艳丽,紫荆花的生态习性如何?它与春天在庭院中开的紫荆以及广西的紫荆木之间有什么不同?

植物研究工作者认为,香港市花紫荆花就是“红花羊蹄甲”,它还有一个名字叫“红花骆蹄树”,取它的叶形,香港人也将其叫做“兰花树”,它的科属为苏木科羊蹄甲属半常绿乔木,高可达15米。开花时,花蕾为纺锤形,花蕊为红紫色,十分美丽且有香味,花期从9月份开到次年2月份,在华南地区常见。南方可作露地栽培,开花时树上仿佛有成千上万只红蝴蝶在翩翩起舞,十分瑰丽壮观。1965年被选为“香港市花”,1968年9月25日发行的一套“香港市花和盾徽”纪念邮票,面值65分的第一枚图案就是紫荆花。

上海地区春天开花、先花后叶的紫荆花是一种落叶灌木(或小乔木),它是原产我国的早春观花植物,属豆科,在鄂西有野生大树,它一般在庭院及公园中单植,花开时满树为紫花,也有白花变种,紫荆常与棠棣并植,金紫互相辉映,很是艳丽。

生长在广东、云南等地区的常绿乔木——紫荆木,则是山榄科的植物,原来也叫紫荆,被称之为“广西四大铁木”之一,可长到20米高,树干笔直,树皮黑褐色,一年开二次花、结二次果。紫荆木的木质十分优良,可作为建筑、桥梁等材料,它的种仁含油量达45%,可制作肥皂及食用,有“木花生”之称。

在我国的海南岛还生有紫荆木兄弟——“海南紫荆”,原也叫“紫荆”,但因为容易与其他紫荆混淆,“紫荆”前面加上“海南”二字或称作“子京”,由于被大量砍伐,已成为稀有植物,现在被列为三级保护植物。它的木材色为暗红,可长到30米高,这种树含有淡黄白色乳汁,黏稠如胶液。果实成熟时味甜可以吃,其种子所含的油量比紫荆木还要高。

(郇志星)

一方水土养一方植物

人们去黄山旅游时往往会被黄山上扎根于高山岩缝中的松树所折服,它高大、姿态优美,且不嫌土壤贫瘠,任凭风霜雨雪,照样巍然挺立。但是如果把它移栽到平原上,即便仔细呵护也不能成活。同样,海南的椰树,高大挺拔,果实累累,但是如果想把这南国风光搬到内地,在庭院中栽上几株椰子树,也一定不会成功。这是为什么呢?原来地球各个地方的自然条件都不相同,有的寒冷,有的炎热,有的干旱,有的潮湿,有的常年阳光直射,有的终日阴暗。但是只要有生存的可能,就会有植物的存在。各种植物在长期的进化中,逐渐形成了与当地环境相适应的生活习性。如果骤然改变它们的生活环境,就会造成它们的死亡。有的虽然看上去还活着,但是不会开花结果,这就意味着它们终将被淘汰。当今世界上绝大多数的植物,都只能生活在很局限的地区。许多当地的植物汇聚起来,造就了有地方标志的植物景观。如海南的椰林、内蒙的草原、东北的白桦林、非洲的稀树大草原、地中海的硬叶林……像车前、蒲公英这类能在世界大部分地区生活的植物只是少数,它们往往伴随着人类的踪迹,常出现在屋边、路旁,而在自然生长的树林内、草原上是很难找到它们的。

植物的生长,取决于两个重要因素:水分和太阳辐射。在地球的陆地上,有两类地方不适宜植物的生长:一是十分寒冷的地方,如终年有冰雪覆盖的南北极,以及雪线以上高山地区;二是十分干旱的地方,如沙漠戈壁地区。其他地区只要没有人为地破坏,都可以被绿色的植物所覆盖。由于地球上的气候条件变化是有规律的,所以植物的分布也是有规律的。

在水分充足的地方,植物都长得高大,一般都可以长成高大的森林,随着水分的减少,植物的地上部分就逐渐矮化,由森林到灌木再到草本。例如我国的华北地区靠近黄海,水分较多,自然植被就是森林,西北地区由于受到青藏高原的影响,降水从东到西逐渐减少,东部以草原为主,而西部则成了荒漠。

在纬度低的地方,气温较高,没有冬天,植物可以终年生长。随着纬度的逐渐升高,冬季的天数逐渐增多,植物休眠的时间也越来越长,生长速度也越来越慢。在森林外观上,表现为从常绿树到落叶树,从阔叶树到针叶树的变化,而且组成森林的树种也越来越少。

例如在我国东部地区,台湾的南端和海南岛的南端,是热带季风雨

黄山迎客松

林，树种十分丰富，长江以南地区主要是常绿阔叶林，长江以北到淮河以南地区是常绿、落叶阔叶混交林，华北平原和东北南部，以落叶林为主。东北地区的中部，主要是针叶、阔叶混交林，最北端的大兴安岭，则是单纯的针叶林了。如果再往北，穿过西伯利亚的针叶林，就是灌丛草甸了。在靠近北极的地方，每年夏天，只有表层土壤解冻，深层的土壤一直冰冻着，植物也只剩下了耐寒的苔藓和地衣了。

地球的表面有许多高山，山上山下的气温湿度都有着明显的差异。一般来讲，海拔每升高 100 米，气温就下降 0.4～0.7 ℃，大致与地球纬度增加 1°相当。所以植物的变化基本上也是从常绿阔叶林到落叶阔叶林到针叶林这个规律。

如福建武夷山，地处常绿阔叶林的分布区。所以从山脚到海拔 1 000 米主要是常绿阔叶林；随着海拔的升高，落叶树种慢慢地多了起来，在海拔 1 000～1 700 米的范围内分布着常绿、落叶阔叶混交林，不过没有明显的落叶阔叶林；针叶林主要分布在海拔 1 500～1 700 米的范围内；海拔 1 700～1 950 米的山顶沟谷上部分布着灌丛矮林；而在海拔 1 750～2 185 米的山体顶部则是以禾草为主的山地草甸了。

了解了植物分布的规律，有助于我们对植物的利用。比如在我国东部地区建一块草地，就必须用大量的人工来维持，这是因为低矮的小草绝不是当地高大植物的竞争对手。一旦疏于管理，高大的草本，甚至树木就会伺机而出，树林最终会取代草地。西部草原的恢复，宜多种草，少栽树，因为树木消耗的水分要比草多得多。西部本来就紧缺的水资源会因大量的树木而更加匮乏。北方要想栽香港的紫荆花树，就必须考虑怎样越冬。而南方要种北京香山的红叶，则要掂量如何熬过炎热的夏天。总之，培植当地物种是最经济的，引进外地植物就必须权衡利弊。在我们进行城市移栽大树之时，不少大树因为移栽过程中的伤害和种植上的环境不习惯，往往会死亡不少。因此，这就需要我们慎重地考虑一方水土养一方植物的道理，用科学发展观来对待这个正在推行的问题，就会避免好树、大树的过早迁移而死亡，使自然界的生态达到良性循环。

（秦祥堃）

从裸岩到森林

在荒山野外，如果注意观察就会发现，有些岩石或树皮上，长着一片片灰绿色、黑褐色、橙黄色和灰白色的“斑块”，有的像一层皱巴巴的硬壳，有的像毛茸茸的绒布，这就是地衣。正是它，成为裸岩的“开拓者”。地衣的结构很特殊，它是藻类和菌类的共同联合体。许多纵横交错的真菌菌丝，紧密连接，围绕着绿色的藻类细胞，真菌从空气中吸收水分，而藻类则通过阳光制造养料，既养活自己，又养活真菌。地衣这种巧妙的结构和生活方式，使它能同一切恶劣的环境抗争，尤其能耐受严寒干旱。因此它的足迹几乎遍及世界的各个角落，从高山到荒漠，从南极到北极，到处都可以见到地衣生存。

当地衣的碎片飘落到裸岩上后，它根本不需要土壤，凭借空气中的水分和光合作用制造的养料，就足够维持生存。这时，地衣一边缓慢生长，向四周扩展，一边分泌出特殊的酸性物质，逐渐腐蚀着裸岩的表面。随风吹来的尘土微粒也被地衣吸附，使地衣层不断加厚。随着岁月的流逝，地衣一批一批地生长，又一批一批地死亡。死亡的地衣躯体，加上尘土和被腐蚀的岩石颗粒，终于在裸岩上形成了一层薄薄的土壤。

接下来，另一类小型的植物——苔藓，作为开拓裸岩的第二梯队，将它繁殖后代的孢子随风飘散开来。此刻假如这儿依然是一片完全裸露的岩石，孢子绝对无法生存萌发，但是由于有了地衣，情况就大不一样了，尽管岩石上的土壤薄得可怜，苔藓却毫不在乎。于是岩石上出现了苔藓和地衣混居的场面。

逐渐的，苔藓和地衣发生了不可调和的矛盾，苔藓利用它生长迅速的优势，占领了越来越多的地盘，并用它的身躯阻挡了阳光，使地衣不能进行光合作用，最后慢慢死去，苔藓就成了岩石表面惟一的主人。这时，原先光秃秃的裸岩彻底地变了样，无数苔藓在岩石表面，连成一片，仿佛给岩石穿上了一件绿色的"衣衫"。

苔藓接替了地衣在岩石上开始了新的开拓，它以地衣无法比拟的速度生长繁殖，年复一年，一代代死去的苔藓形成了更多腐殖质，使得土层变肥变厚。当土壤层达到一定的厚度后，种子植物就开始"入侵"了。

首先到来的是一些一年生的耐旱草本植物，一旦它们扎下了根，就利用生长优势，茂密的枝叶，掩盖了苔藓，直到最后把苔藓植物排挤出去。以后，类似的演替还继续进行：多年生的草本代替了一年生草本，灌木丛代替了草本，最后，高大的乔木最终成了占领者。如果外界环境没有大的变化，森林将一直绵延下去。这就是生态学上所说的"顶级群落"。

从昔日光秃秃的裸岩，到生机盎然的森林，这是一个从简单到复杂、从低级到高级的演化过程。这个过程需要几百年、几千年，甚至上万年的时间。但是，一旦森林被破坏，雨水将直接冲刷土壤，造成水土流失。假如土壤都冲光了，想要恢复森林，又将是一个漫长的周期了。

（秦祥堃）

顶级群落

顶级群落是生态演替的最终阶段，生物群落经过一系列演替，最后所产生的保持相对稳定的群落。处于演替初期的群落养分积累大于消耗，生物量大，不断地为增加生物多样性创造条件，而群落发展到顶级群落后，生物量趋于稳定，积累等于消耗，生物种类不再增加，而是保持稳定。

高寒山地植物

高寒山地就是永久冰雪带以下的地带，这是植物生长的最高地带，由于强烈的寒冻风化，大量的岩石不断崩裂，植物只有在短暂的暖季获得生长的机会，这里气候严寒，热量不足，辐射强，风力大，昼夜温度变化剧烈，空气稀薄，氧气只有平时的一半左右，在这样的环境下生长的植物必有许多特殊的地方，让我们去看看它们到底有哪些与众不同的本领。

胎生现象。一部分花长出了小萝卜似的芽，如株芽蓼，切开株芽就像一个小的植物，有根、茎、叶，而且叶片已经开始生长，在母体上直接长出新植物体，比开花结籽要省力多了，其他的花朵种子还没成熟，它却可以独立生活了，因为生长期只有二至三个月，这是为了适应这样短的生长期而采取的生存策略吧。

自制“棉被”。在石缝中有两株毛茸茸的植物——毛头雪兔子，它属于菊科凤毛菊属，全株植物像盖着厚厚的棉被，其实这是它叶片上长出的长长的棉毛，当太阳照到它的身上时，这毛茸就把热量积聚起来，它的花就在顶部那毛茸的下面，当花朵成熟开放时，便伸出花蕊接受昆虫传粉，而平时它就被厚厚的毛茸盖着。

自建温室。大蜡烛似的植物叫塔黄，属于蓼科，地上部分要长好几年才开花，黄色的是它的花序，花序就像一座温室，由众多苞片构成，每一个苞片向下把花序盖起来，当外界温度为13度时，花序内的温度可达30度，保证了花果的正常发育。夜晚周围的气温下降至零度以下时，花序内的温度还在零上6度。

毛头雪兔子

垫状植物。有一些植物受强风、雪压影响，形成半球形的垫状体，其叶小而密，覆于表面，稠密交织的小枝之间充满着枯叶与细

塔黄花序

土，能增加热容量，减少水分的蒸发，这种垫状植物的寿命可长达百年以上。

罕见的生理抗性。生长在岩石上的一群苔藓植物，名字叫紫萼藓。苔藓植物通常生在阴暗潮湿的地方，可是在高山上，四周裸露，没有东西可以给它遮阴，太阳把石头晒得发烫，紫萼藓被晒干，用手指一搓，便像干茶叶一样，变成粉末，可是一旦云雾来临，在雾气的湿润下，它又恢复生机，继续生长。不但如此，它还进行着有性生殖，产生孢蒴。紫萼藓的结构像其他藓类植物一样，叶片上除了中肋之外基本上是单层细胞，没有上表皮和下表皮，在这高山之巅植物生长的极限之地，却能照样繁茂地生长，猛烈的太阳晒不死，急速的冰冻冻不死，它体内的抗旱、抗寒、抗紫外线的基因是人类极为需要的。

（马炜梁）

植物的动物名字

在众多的植物世界中，不少植物都有一个漂亮的名字，如文王一枝笔、七叶一枝花等等，其中也有不少有着动物名字的植物，如被誉为山里的“水怪”——山蚂蟥，它是蝶形花科植物中的小灌木或草本植物，羽状复叶通常具有3枚小叶，有些种类为单小叶或5小叶。其荚果扁平，不开裂，但会分成数节(荚节)脱落，是荚果中较特殊的类型。山蚂蟥全世界约有360种，多分布在亚热带和热带地区，在中国有近40种，有的可作医药解表散寒、祛风解毒，有的可作牧草放养各种禽兽，有的却成为不受欢迎的杂草，严重影响大豆等农作物的生产。

山蚂蟥引人注目的一个重要特点是，果实表面通常具有众多的钩状毛，成熟后极易牢牢地黏附于动物的皮毛或人的衣服上，每一个荚节恰似蚂蟥吸血，不肯轻易放手。山蚂蟥也因此得名。

在山里还有一种植物叫山海螺，是桔梗科植物羊乳的根，通常肥大呈纺锤状，长十几厘米，表面灰黄色，近上部有环纹，而下部则有横长孔，似海螺，故名。鲜根及茎叶断面有白色浆汁渗出，故又有乳薯、羊乳之称。小枝顶端的叶为2～4枚簇生，又有四叶参之名。其根入药，性平，味甘，有润肺止咳、解毒、通乳、抗疲劳之功效。幼叶可做色拉，根除做色拉外，还可做泡菜、烧烤、酿酒等。用山海螺制作的泡菜是一道美味，制作方法是：盐浸30分钟去除苦味，在热的红辣椒水中浸片刻，晾干，加入鱼汁、大蒜、生姜、葱、韭等调味品充分混匀，再罐装，密封2～3日即可食用——其口味绝不亚于海螺肉的鲜美。

鹅掌楸

植物界种类繁多，以动物名字取名的植物非常多，水里、陆上、空中等各类动物的名字都被拿来借用过。如“水里游”的：水蜈蚣(莎草科)、蟾蜍水鳖(水鳖科)，柳叶菜科有一种水龙，茎柔弱细长，生长迅速，蜿

蝴蝶兰

蜒于水中，别名过江藤；“陆上跑”的：金钱豹（桔梗科）、紫金牛（紫金牛科）、千里马（瑞香科），蚌壳蕨科的金毛狗，根状茎粗大，密生金黄色绒毛，如果取其根状茎先端，切去过长的叶柄，倒置于台上，就宛如一条金毛狗；“空中飞”的：天堂鸟（又名极乐鸟、鹤望兰、鹤望兰科）、鸟蚊子（安息香科）、翠雀（又名鸽子花，毛茛科）、黄蝉（夹竹桃科）、锦鸡儿（豆科）。

以“动物”的局部来命名的：龙胆（龙胆科）、龙眼（无患子科）、龙爪（仙人掌科）、剑龙角（萝藦科）、羊耳（毛茛科）、羊角（野牡丹科）、羊蹄（蓼科）、羊蹄甲（苏木科）、牛膝（苋科）、熊掌（野牡丹科）、螃蟹甲（唇形科）、鲫鱼胆（紫金牛科）、狮子头（仙人掌科）、老鸭嘴（爵床科），等等。

更多的植物名称中包含着动物名，却很容易辨别出它们的植物身份，这是因为其名字往往带有“藻”、“蕨”、“草”、“花”、“木”等字眼。如：猴头菌（菌类）、蜂窝衣（地衣类）、鹿角藻（藻类）、虎尾藓（苔藓类）、燕尾蕨（蕨类）、贝壳杉（裸子植物）、鹅掌楸（木兰科）、豺皮樟（樟科）、蝙蝠葛（防己科）、驼绒藜（藜科）、蝎子草（荨麻科）、蚕茧草（蓼科）、凤凰木（苏木科）、象鼻藤（蝶形花科）、鸭儿芹（伞形科）、苍蝇花（白花丹科）、金鱼草（玄参科）、兔儿伞（菊科）、蛇尾草（禾本科）、蝴蝶兰（兰科），等等。

还有些植物名，由两种动物名叠加而成，颇具情趣，如：鹦鹉蝎尾蕉、狗枣猕猴桃、猪鬃凤尾蕨、蛛毛蟹甲草、龙骨马尾杉、麝香贝母兰、蜥蜴翠雀毛、猫爪猴耳环。

（李宏庆）

碱蓬和苦草

碱蓬又名盐蒿，俗称黄须菜，藜科一年生草本植物，能耐3%的盐度，可以在海水中生长。在盐碱地上可长到1米高，在海滩上，高度可达30厘米。

碱蓬是一种生命力极强的野生植物，大量生长在滨海盐碱荒滩上，内陆盐碱地上也有分布，其资源非常丰富，分布于我国东北、西北、华北和江苏、山东、河南等地，亦见于朝鲜、日本和俄罗斯的西伯利亚东部。

碱蓬草每年四五月份长出地面，开始为绿色，慢慢变红，到了9月份便形成浓烈的红色，铺满整个海滩，像一条鲜艳夺目的地毯覆盖在大地上。盐地碱蓬海岸的美丽，是每一个没有亲眼目睹的人所无法想像的。用惊艳绝伦来形容，它也当之无愧。

碱蓬是盐碱滩上最主要的“固定居民”，一到秋天，白茫茫的千里盐碱滩上，血红的碱蓬是惟一的亮色。这种在海水中都能生长的植物，支撑着黄河三角洲脆弱的生态系统。

早先，碱蓬只能作为野兔或是昆虫之类的“口粮”，在荒年光景，灾民也赖之活命。近年来山野菜行市，碱蓬一跃成为“健康食品”。碱蓬有一种独特的风味：不用加盐，就是咸的。新鲜的碱蓬，吃起来如同渍过盐，这说明碱蓬本身蕴含着盐分。可碱蓬把盐分“藏”在哪里呢？

苦草

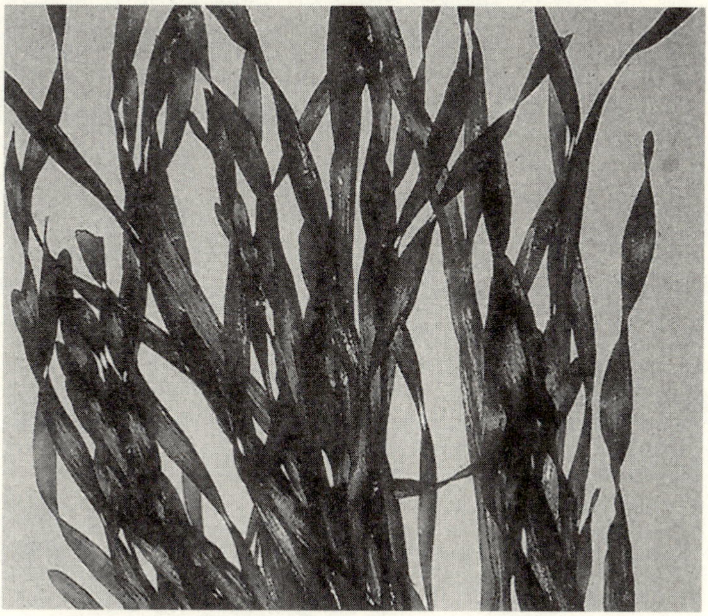

盐碱地之所以多为不毛之地，原因是土壤中含盐分太多。一般植物很难在盐碱地里生长，一种解释是，当这些植物体内累积的盐分太高的时候，它的根系吸收水分的能力会下降，没有了水分，植物就只

能枯死了。

植物是由细胞组成的。从细胞的角度看，当土壤里的盐分(主要是钠离子)浓度过高时，钠离子会透过植物的细胞膜自动渗透到盐分浓度较低的细胞质中，使细胞质中的盐分浓度升高。钠离子多了，会影响细胞质中酶的活性，造成细胞代谢困难，从而使植物萎蔫、死亡。碱蓬却很独特，它能吸收盐分，甚至能改良盐碱地，为其他植物的生存、繁衍提供了一个相对优良的环境，形成盐碱地的生态系统。这个特点，使从事这一领域研究的人们把它称作盐碱地开发的“先锋植物”，但在此以前，它的独特机制却一直没有被人们清楚地认识。

细胞的结构类似于鸡蛋:细胞壁好比蛋壳，里面有细胞核(蛋黄)、细胞质(蛋清)，在细胞质里有一个器官叫“液泡”，液泡也在细胞内，漂浮在细胞质中，但相对封闭，功能类似于储藏室，是调节细胞质内部平衡的，细胞质内有什么多余的东西影响酶的活性了，就可以放在这儿，不影响细胞质中酶的活性。液泡的作用往往被人们忽视，在一般的科普著作中都查不到它的解释。科学家们推测，碱蓬体内的盐分只能藏在细胞的液泡中，而在除此以外的任何地方都会影响细胞的生命活动。盐地碱蓬具有典型的盐生结构，叶片肉质，没有叶柄，条状柱形。在碱蓬的茎叶细胞内有贮存盐分的“盐泡”(细胞液泡)，其内灰分含量占植物体干重的30%以上，其中含钠量高达6.2%以上，含氯则超过10%。

在还未完全脱离海水的高盐的潮滩上，任何其他植物都不能生存。只有盐地碱蓬以其独特的盐生结构，首先扎根于潮滩，使潮滩上有了植物。盐地碱蓬是潮滩上名符其实的开路先锋。自从有了盐地碱蓬以后，潮滩上有机质越来越多，加速了潮滩的土壤化过程。随着潮滩的淤高，滨海盐土中含盐量逐步降低，当含盐量降低至0.6%～1.0%时，盐地碱蓬群落中出现较多獐茅。当滨海盐土的盐度进一步降低时，盐地碱蓬群落中出现较多的植株矮小的芦苇。此时盐地碱蓬海岸不再是纯净的紫红色，而是紫红色中夹杂着绿色。因此，碱蓬对改良碱地的生态环境起着非常重要的作用。

苦草是水鳖科(*Hydrocharitaceae*)苦草属(*Vallisneria*)沉水草本植物，圆线形或带形，常被称为扁担草、扁子草、蓼萍草、面条草、水韭菜和鸭舌条等，是典型的沉水植物。具有纤细匍匐枝，叶基生，多为细带形，叶薄，叶长短可视水的深浅而定，长达2米左右，叶宽0.5～1厘米，顶端为钝形，叶脉三或五条，有许多小横脉。一般分布于湖泊、外荡和圩沟等天然水域中，并广布于世界各地。因其含有较多的营养成分和很强的水质净化能力而具有很高的经济价值。

3～4 月份，水温回升至 15 ℃以上时，苦草的越冬芽或种子开始萌芽、生长。刚出苗的幼草即生长大量须根，30 天左右时叶片长 5～7 厘米，叶宽 0.8～1 厘米，叶片肥厚，呈翠绿色或红褐色，叶片丛生于茎节上；当叶片长度达 10 厘米左右时，植株基部开始长出1～4 根匍匐茎，匍匐茎每一节上均生根发芽，继而长出新的植株，新植株又长出匍匐茎，所以苦草在水底分布蔓延的速度很快。通常一株苦草一年可形成 1～3 平方米的群丛。

苦草为雌雄异株，雄佛焰苞呈卵状圆锥形，长 6～10 毫米，花序柄长 1～8 厘米，着生于植株的叶腋中，苞内有数个微小雄花，雄蕊一枚，成熟时佛焰苞开裂，雄花脱出佛焰苞而漂浮于水面，借助水流的媒介，使花粉到达雌花的柱头，雄花一般形成总状花序，花序外被一层透明膜质的苞鞘，雄花成熟后，苞鞘顶部破裂，花粉浮于水面，是典型的水媒花。雌花无柄，单生于管状的佛焰苞内，苞长 2～8 毫米，着生于细长的花序柄上，花萼小形 3 片，呈绿色，质较硬；萼片 3 裂，萼片长 2～3 毫米，花柱 3 条，每条 2 裂，柱头的内面有微细柔毛，并有 3 枚退化雄蕊，子房细管状，雌花的花柄很长，花基部具有膜质的筒状苞鞘，花瓣 3 片，不发达。如果不断地增加水的深度，雌花的花柄就不断伸长，始终要让雌花伸出水面，以达到接受雄花传粉的目的。但当被水波暂时淹没时，雄花可能被捕获到雌花花被里面而完成授粉过程。每年 8 月上中旬至 10 月初，生长着苦草的溪流或水塘中，都可见到水面上漂浮着大量的白粉状的雄花，这些雄花放出花粉，为伸出水面的雌花授粉。

完成传花授粉后雌花的花柄螺旋状收回，将子房拖入水中，在水下发育成果实。10 月份果实进入成熟期，花柄逐渐衰化腐败，果实就会漂浮于水面。在晚夏或早秋，一些果实破裂，释放出种子，落在母株的附近。

（崔心红）

地 衣

地衣是自然界中一个相当大的生物类群，种类很多，目前全世界已知的地衣种类约有 14 000 种。在过去很长的一段时间里，人们一直以为地衣是一种单体植物，直到 19 世纪中叶，才发现它是由真菌和藻类共生在一起的一类特殊植物。按照今天的观点，严格地讲地衣也不能算是“植物”，因为它是由真菌和藻类组成的共生复合体，我们没有办法将它归入现在的任何一个植物类群。地衣研究工作者们更愿意将其视为一类特殊的真菌，其所以特殊，就在于它们必须与藻类共生，而在这个共生复合体中，真菌又起着主导作用，因为地衣的生物学特性主要是菌、藻共生中真菌本性的反映，地衣的子实体实际上正是真菌的子实体。地衣的形态特征几乎完全是由参与地衣共生的真菌所决定，甚至有的地衣型真菌能够和不同的藻类共生而形成同样的地衣体形态。所以，地衣是一类相当专化性的真菌，地衣学家们将其称之为地衣型真菌。地衣的分类就是依据其中的真菌成分来进行的。

并不是任何自然界中的真菌都可以同任何藻类共生而形成地衣的。只有那些在生物长期演化过程中与一定的藻类共生而生存下来的地衣型

生长在岩石上的地衣景观

真菌才能与相应的地衣型藻类共生而形成地衣。实际上,不与一定藻类共生的地衣型真菌在自然界是不存在的,而且许多地衣型真菌与自然界中的非地衣型真菌之间并没有亲缘关系密切的种类存在。而作为与绝大多数地衣型真菌共生的地衣型藻类——“共球藻”属(*Trebouxia*)的种类,在自然界的地衣体外至今尚未发现过。因此,这些高度结合的菌、藻共生生物在漫长的生物演化过程中所形成的地衣物种具有高度的遗传稳定性。

现有的资料表明,地衣的共生菌是依赖于其中的共生藻的光合作用所提供的碳素营养而生活的,而共生藻的藻细胞总是被共生菌的菌丝组织所缠绕,这样,藻类就被置于菌丝组织的保护之中,免于受到强光的直射,有利于它们在弱光下进行正常的生命活动,另外,还能提高藻类的抗旱能力,免遭有害元素及机械作用的损伤,并可得到菌丝体内积累的可溶性矿物盐的补充。正由于两者相互依存,互惠互利,形成了生物学上的互惠共生的关系,并且经过长期的生物演化,还形成了一些既不同于一般真菌,又有别于一般藻类的独特而稳定的外部形态特征。尽管互惠共生现象在自然界中绝非仅有,如根瘤细菌与豆科植物根的联合、生活在某些澳大利亚白蚁消化道内的单细胞原生生物和3种细菌的联合,以及某些腔肠动物和绿藻的联合等都是生物的互惠共生现象。但是,地衣却是这一现象中最先被承认,并且至今仍是这一现象中最突出、最完善的类型。像地衣这样完善的共生生物,以致形成一个既不同于一般真菌,又有别于一般藻类的新的形态学与生物学实体,是其他任何互惠共生现象所无法比拟的。

如此完美的组合,使得它们的生存能力极强,在自然界里可谓所向披靡,“足迹”遍布全球——从赤道到南北两极,从海边到高山之巅,从森林到荒漠,到处都有地衣的分布,而且它们对生长基质的要求也毫不苛求,可以生长在树皮、岩石、土壤、苔藓、树叶及砖墙上,废弃的玻璃瓶内壁、死去动物的骨骼残骸,甚至在一些活着的龟类和介壳虫的脊背上都可以发现有地衣的存在。尤其是它们能够生活在裸露的岩石上的能力,是一般的真菌和藻类都难以望其项背的,并且在自然界土壤的形成过程中起着举足轻重的作用,它们往往也是自然界里那些不毛之地上最早的拓荒者,因此也就享有了“自然界的开路先锋”的美名。

(徐　蕾)

桂　花

金秋季节，正当百花逐步凋零之际，庭前屋后、山边路旁及公园绿地的桂花却一树树地盛开了。你无论走到哪里，几乎都能闻到一缕缕桂花的馨香。它不但香，而且美，青翠欲滴的绿叶间，镶嵌一簇簇金黄色的小花，真是"叶密千层绿"、"花开万点黄"。如繁星点点，分外妖娆，无怪乎前人要称誉桂花树"独占三秋压众芳"。

桂花在植物分类上属于木犀科木犀属（又称桂花属）植物，因其叶脉形如"圭"字而得名，又称木犀、岩桂、九里香等。桂花挺秀端庄的身姿、芬芳馥郁的香气、友好吉祥的象征意义，以及不可多得的经济价值，深受人民群众的喜爱，八十年代被评为我国十大名花之一。在这个"家族"里，全世界有 31 种，我国产 26 种，所以中国是木犀属植物世界分布的中心。桂花是木犀属植物的一个代表种，它的故乡在中国。我国栽培桂花已有 2 500 多年的历史了。劳动人民在长期的栽培实践中，形成许多品种。我们看到花开时呈黄色的，在阳光下金灿灿的便是"金桂"，花朵是银白色的我们称为"银桂"，花朵成橙红色的称之为"丹桂"，这些品种都在秋天开花，而另一些品种是一年四季都开花，我们把它们称为"四季桂"。

中国种植桂花历史悠久，早在春秋战国时期，就有桂的记载。《山海经》共有五处提及桂、桂山或桂木。东晋郭璞注解：八树而成林，言其大也。楚屈原《九歌》有"援北斗兮酌桂浆，辛夷车兮结桂旗"等诗句。《吕氏春秋》赞称："物之美者，招摇之桂"。东汉袁康等辑录《越绝书》，上载有计倪答越王之话语："桂实生桂，桐实生桐"。由此可见，自古以来，桂就深受人们的喜爱，而引起人们的重视，其发现当有 2 500 年以上的历史。国外栽培的桂花均系由中国传入，日本栽培的桂花来自中国，而英国的桂花是 1771 年

前后由中国或日本传入。之后又从英国或直接从中国传入欧洲和美洲及其他国家,印度、爪哇等地。但在欧洲、美洲栽培面积有限,中国是目前世界上桂花第一生产大国,有高秆种植的桂花风景林、矮秆球形的独成一景的盆栽盆景。我国桂花的繁育、栽培嫁接、修剪、采收、储藏、加工等各项技术都居世界前列。

目前我国桂花的主要栽培分布区在秦岭淮河一线至南岭一线(相当于北纬 24°～34°)。在这个范围内,水热条件较好,年平均气温 15 ℃～19 ℃,年降雨量 900～1 800 毫米,年最低气温－5～18 ℃。这样的环境,桂花生长好。历史上形成许多栽培中心,其中华东地区的苏州、杭州,华中地区的武汉和咸宁,华南北部的桂林,西南地区的四川成都等地,品种最多,而且各栽培中心的传统品种不同,各具特色。

人们见到桂花,常联想起月亮。中国的桂花、中秋的明月,自古就被我国人民联系在一起,编织出脍炙人口的优美传说。农历八月,古称桂月,是赏桂最佳的月份。因此,“桂魂”、“桂月”、“桂窟”等,都成为月亮的代称。古有“嫦娥奔月”、“吴刚伐桂”的神话传说,桂树成了种在月亮上的神树。传说月亮上有座月宫,又称广寒宫,寂寞的嫦娥仙子在宫里。宫中有一株桂花树,高五百丈,所谓“月中有丹桂,自古发天香”,就是指的这棵桂树。它生长得很快,不砍则宫院将容纳不了,玉帝就叫一个修仙时犯了错误的吴刚,天天去砍,可是随砍随合,永远也砍不掉,隐喻着月亮的阴晴圆缺,意味着月亮的再生与永生。在这个传说中,月亮和桂树是两位一体的,桂树能与月亮一样象征长生,将桂花与月宫、嫦娥、吴刚联系在一起,颇富神奇色彩,使世人无不心向往之。连毛泽东主席也写下了“问讯吴刚何所有,吴刚捧出桂花酒”的浪漫诗句,伟大的情怀也溶进了这美丽、动人的故事。

中外古今,人们还把桂花树作为成功、友谊、爱情、美好、吉祥的象征,正是由于月宫中有桂树的传说,便由此也有了“蟾宫折桂”的说法,折桂成了中举的象征,“桂林一枝”成为出类拔萃、独领风骚的同义词。人们将科举考试称为“桂科”,将科举考中称为“折桂”,登第人员的名籍则称为“桂籍”,许多才子争攀折。有人赞曰,“三种清香,状元红是,黄为榜眼,白为探花郎”。将桂花的花色——红(丹桂)、黄(金桂)、白(银桂)与科举中殿试的头三名联系起来,巧妙绝伦。

桂花是一个长寿树种,我国是世界上桂花古树保存最多、分布最广、最集中的国家。陕西汉中南郑县圣水寺的“汉桂”,相传是为公元前 206 年西汉萧何手植,树龄 2 100 多年。在中华大地 300 年以上的古树,不计其数。

桂花遍布大江南北,为人民所喜爱,全国已有 26 个省(区)、市、县以桂花为省(区)花、市花、县花;台湾省台南县人民以桂花为县花是因为桂花能“辟邪”,保人民平安。由于桂花在我国人民心目中具有崇高的地位,四川成都一带每年举办桂花花会,卖桂、买桂、赏桂、吟桂,成为一时盛行的风气。现代则结合旅游或经贸活动,在北京、上海、南京、苏州、合肥、咸宁、桂林、杭州等地举办各有特色的“桂花节”,使桂花更加深入人心,并扩大了地方的知名度,推动了当地的经济发展。

用桂花。中国人有一套历史性的程式,为人们所熟悉和喜爱,颇具特殊风格。如用玉兰、海棠、牡丹、桂花相配,取其谐音“玉堂富贵”;用金桂、玉兰、海棠相配,取其谐音“金玉满堂”;用白玉兰、海棠、迎春、牡丹、桂花同植于庭前,取“玉堂春富贵”之谐音。两株桂花对植而形成“两桂当庭”或“双桂流芳”,这都是人们喜爱的传统配植方式。而今,无论是庭院、山间、公园、风景区、房前屋后,桂花的应用极其普遍,桂花的诗、词、歌赋、画、文、曲、故事等不一而足,家喻户晓。

食桂花。桂花又是传统的香花植物,花虽小,香味持久稳定,桂花香气有别于兰花的幽香、梅花的淡香、水仙的清香、荷花的微香,既是浓郁的,又有些甘甜,让人难忘而记忆深刻,故古人赞之曰“清可绝尘,浓能溢远”,因其有“韵”,便是仙香了。早在 2 000 年前,用桂花制酒,桂花窨制花茶,至今,桂花酒、桂花茶仍负盛名。同时,开发出了桂花糕、桂花糖、桂花月饼等食品 50 多种。桂花还可制取芳香油或浸膏,作为高级名贵天然香料,用于各种香脂香皂及食品中。据祖国医学记载,桂花还有化痰散淤、肠风止痢、治牙痛、去口臭等功能,近来有研究证明,桂花香气有降血压的功效。

一种花卉能在亿万人民心目中有如此牢固的地位,已远远超出了花卉的影响和意义,桂花已成为一种国泰民安、太平盛世、民风文明的物质象征,真是国之花、民族之花、家之花。

中国是花卉大国,资源极为丰富,但很多原产中国的花卉如牡丹、兰花、山茶、月季等国际品种登录权威被外国获得,一直到 1998 年 11 月,北京林业大学陈俊愉院士才有了零的突破,获得了梅花的国际品种登录权威。国际园艺学会品种命名和登录委员会于 2004 年 10 月 27 日,正式批准中国花卉协会桂花分会及南京林业大学向其柏教授为木犀属植物品种国际登录权威。表明了中国在木犀属(桂花属)研究中处于国际领先地位,标志着中国园林植物已经在世界植物研究中处于先进行列。这一国际登录权威的获得无疑对中国花卉产业,尤其是桂花产业将是一次难得的机遇,对木犀属植物走向世界具有极大的推动作用。桂花!中国为你骄傲!

(刘玉莲　李　林)

为什么说植物是最重要的生物

正是植物的出现，尤其是在5亿年前，陆生植物的出现，才使陆地变得丰富多彩，生机盎然。绿色首先出现在水边潮湿地，随即第一批陆生动物也开始活跃其间。以后它们相互依赖，相互促进，慢慢地向内陆、高山扩展，最终布满了整个陆地。植物演化成形形色色的大树、小草、藤蔓，动物也进化成林林总总的飞禽、走兽、爬虫，从而形成了丰富多彩、生气勃勃的世界。

生物的大量出现，它们的出生、成长、运动、死亡，使地球上的物质和能量发生了变化。不过，上亿年来，地球上总的环境并没有太大的变化，这主要归功于植物。

植物最重要的贡献无疑是光合作用了。光合作用就是绿色植物细胞内的叶绿素利用光能把二氧化碳和水合成有机物，同时释放出氧气的反应。可以夸张一点说，没有光合作用，就没有生物界的一切。

首先，光合作用是迄今地球上惟一大规模将无机物转变为有机物的过程。正是这些有机物构成了形形色色的植物，同时它也为动物提供了食物。假如没有这些有机物，不但没有了植物，动物也失去了赖以生存的食物，不可能生存下去。

其次，光合作用形成有机物的同时，也把太阳光能转变成了化学能。这种能量积蓄在植物有机物中，用来作为自身生命活动的动能。而食草动物则在消化植物有机体的过程中，将这种能量释放出来，一部分用来维持自身的生命，一部分则重新储藏在动物有机物之中。这些能量，将来可以提供给食肉动物，也可以在死后提供给食腐动物以及微生物之用。生物界赖以生存的能量，绝大多数来自植物的光合作用。这些能量对于我们人类来说，更有一种特殊的意义，煤、石油、天然气等燃料都是古代植物所储蓄的能量，它对人类文明的进步起着决定性的作用。如果没有对这些燃料的利用，我们人类至今还与猿猴无异。

氧气是所有生物呼吸的必需气体，物质氧化、燃烧也都离不开氧气。尽管每天大量消耗氧气，千万年来大气中的氧却并没有明显减少，这就不能不归功于光合作用。正是它所产生的氧气，源源不断地向大气中补充，才比较稳定地保持着大气中氧的平衡。

植物的另外一个重要作用是分解作用。任何生物都有一个生存寿

命，即使有一些裸子植物可以活上上千年，最后也难免死亡。千万年来，那些死亡的生物体并没有堆积起来，而是消失得无影无踪，那也是植物的功劳，尤其是那些低等植物，它们在繁衍的同时，将生物的尸体从有机物分解成无机物，将其回归到大自然中，成为绿色植物再次利用的原料。这样，地球上有限的资源通过植物的合成、分解，就可以得到无限地利用。

此外，植物对于我们生活环境的稳定和改善、生活质量的提高，也有着至关重要的作用。我们日常生活和工农业生产中所产生的废水、废气、废渣，主要是通过植物来净化的。植被的好坏，对防止水土流失、防止洪涝灾害也有着直接影响。

因此说，植物是这个地球上最重要的生物。

（秦祥堃）

世界植物之最

最甜的植物

非洲的薯蓣叶防己的果实可谓世界上最甜的植物了。这种红珊瑚般可爱的果实，外形与野葡萄颇为相似，然而甜度却不能同日而语，因为它们比食糖还要甜上 9 万倍。

最短命的植物

生长在沙漠中的短命菊可算是植物界中寿命最短的植物，因为它只能活几个星期。沙漠中气候常年干旱，短命菊在稍有雨水的时候，就会立刻萌芽生长，开花结果，然后死亡。

寿命最短的种子

沙漠中梭梭树的种子，被认为是世界上寿命最短的种子，因为它只能活几个小时。但是它的生命力很强，只要有一点点水，在两三个小时内就会生根发芽。

奇妙的植物遗传分离规律

1843年，有个叫孟德尔的奥地利青年，对科学很感兴趣，长于数学，喜欢观察生物，也喜欢研究气象和地质。他在奥地利布鲁思修道院做修道士的时候，在修道院后面的一小块园地里种了豌豆、耧斗菜、紫茉莉等植物进行杂交试验，同时，还在园地的边上养了蜜蜂，在自己的房子里养了小老鼠，对它们也进行杂交试验。在众多的杂交试验中，孟德尔的豌豆杂交试验做得最成功，他观察杂交所产生的后代，并对后代的后代也进行了仔细分析。由此他看到了以下情况：如高秆的豌豆与矮秆的豌豆杂交，产生的第1代植株都表现为高秆，然而它们的第2代植株却表现出3/4高秆、1/4矮秆，其他的相对性状也是如此。为了说明以上的遗传现象，孟德尔根据自己的试验结果，提出了6个假说：

植物的每一性状仿佛是独立遗传的，研究植物的遗传可以就性状的本身进行研究；

每一性状在生殖细胞中由一个决定的因子所代表，每个因子控制一个性状的发育；

每一性状在植物体的遗传组成中有两个因子，一个是从雄性亲本来的，一个是从雌性亲本来的；

在配子形成中，成对的因子彼此分离，结果每一个配子只含有成对因子的一个；

在杂交中，所研究性状的成对因子，彼此不同，在形成配子时，它们彼此分离，相互不发生影响，所形成的配子在遗传上是纯粹的；

杂种所产生的不同配子，数目相等，而杂种所产生的雌雄配子的结合又是随机的，各种不同配子的结合有同等的机会，因为各种配子的数目是相当的。

孟德尔对豌豆连续好几代检查杂交的后代，证实了假说，并且从1900年以来世界各国学者所发表的相关论文也都证实了孟德尔的假说。许多学者在其他植物方面、动物和人类方面进行研究也证实了孟德尔的分离规律，这就是著名的孟德尔遗传规律——遗传因子的分离规律，即在杂种的细胞里同时存在着显性因子——杂种中表现出性状的因子、隐性因子——杂种中不表现出性状的因子，当它们与显性亲本交配后，后代都表现为显性性状，与隐性亲本交配后，后代则所表现出一半为显性性状，一半为隐性性状。

为了使人们能更好地理解孟德尔的遗传规律，植物学家用枝条在地上不断地划着各种符号作进一步讲解，豌豆的高秆是显性因子 D，矮秆是隐性因子 d，它们都是纯合子即 DD 或 dd，它们产生一种配子 D 或 d，它们的子一代为 Dd，表现为高秆。将子一代与显性亲本回交和与隐性亲本回交，则出现以下情况：

子一代与显性亲本回交

反交　Dd × DD

配子　D　d　D

后代

	D
D	DD 高
d	Dd 高

子一代与隐性亲本回交

反交　Dd × dd

配子　D　d　d

后代

	d
D	Dd 高
d	dd 矮

与显性亲本回交它们的后代都是高秆，与隐性亲本回交它们的后代则一半是高秆，一半是矮秆。如果它们的子一代与子一代杂交的话，则出现下列情况：

子一代　Dd　×　Dd

配子　D　d　D　d

↓

子二代　DD 高　Dd 高　Dd 高　dd 矮

子一代与子一代杂交所产生的子二代有四分之三是高秆，四分之一是矮秆。我们每年在园林花卉和观赏植物上要做大量的杂交育种工作的目的，也就是为了克服杂种后代不利的隐性因子，不断育出具有更高观赏能力、适应恶劣环境的生存能力以及抗病能力的园林花卉及观赏植物新品种。

（杨建镤　吴根娣）

花草树木吃什么

一草一木皆是生命，生命的维持和成长需要不断补充营养。那么，花草树木究竟需要哪些营养呢？古往今来，许多人为此做了大量观察研究和实验。300年前，比利时学者赫尔蒙在一个大盆里装了90千克烘干的泥土，用水淋湿，插入一段2千克的柳条，平时除淋水外，什么肥料也不加。5年后柳条长大成树，他挖出来去掉根上泥土称一下，柳树重76.5千克，此时盆中泥土仍满满的，他把泥土取出烘干过秤，只比原来少了100克，于是他断定，柳树是吃水长大的。

赫尔蒙的结论对不对呢？当时许多人深信不疑，可后来有人怀疑，用化学分析发现柳树增加的物质中，有很大一部分是碳元素，而碳显然不是从水里来的，因为水是氢和氧的化合物。因而，有人设想，柳树增加的物质或许来自空气，因为空气中有二氧化碳，于是又把柳树种在温室里，当全部抽去二氧化碳时，柳树就停止生长，放入二氧化碳，柳树又长了，于是，就有人断定植物是吃二氧化碳长大的。

后来人们发现晒干(失去水)的植物仅有原先10%～20%的重量，再将晒干的用火烧后称，重量又少了很多，原来是烧成二氧化碳和氮气挥发了，只剩下少量的灰，仅占干物质重量的5.5%，经科学家化验，其中含磷、钾、钙、镁、硫和少量的硼、锰、铜、锌等。

1860年，诺普先生给植物配制了一种营养液，包括2克硝酸钙、0.5克硝酸钾、0.5克磷酸钾、0.5克硫酸镁、7千克水和几滴含铁的化合物，结果植物长得很好，照样开花结果，原来这些药品中含有植物生长必需的10种主要元素，花草树木就是吃这些物质长大的。这10种元素占植物干重的千分之几到百分之几十，而铜、锰、锌、硼、铜等占植物干重的千分之几到十万分之几。虽然植物对营养元素需求差别很大，但它们对植物生长发育都担负着不同的生理功能，各营养元素之间是不可互相替代的。

植物通过舒展的叶片吸收空气中的二氧化碳，通过伸展在土壤中的根系吸收水分，在阳光的照射下，叶片中的叶绿素进行光合作用，用二氧化碳和水作为原料生产碳水化合物，再添加其他营养元素，合成蛋白质和脂肪等植物体的基本成分。

在人工栽培的环境条件下，多半需要不断给植物补充氮、磷、钾元素，这是主食。氮素占植物干重的2%，构成蛋白质的主要成分，而蛋白质是构成植

物细胞原生质的主要成分，又是控制植物新陈代谢的催化剂——酶和叶绿素、维生素、核酸等的主要组成部分。

氮的来源有：土壤中动植物和微生物残体的分解，土壤中固氮菌、根瘤菌同化空气中的氮，闪电形成氨态氮、硝态氮随雨水入土，施有机肥和氮素化肥。观叶植物的生长，尤其需要保证充足的氮素营养。

磷元素占植物体重的 0.5% 左右，它是组成细胞核的主要成分，供应磷可以促进开花结果，提高花卉的观赏价值和果实品质。

钾元素占植物干重的 1.5%，它能促进和增强植物茎干生长，从而提高植物的抗病、抗倒伏能力，酸性土常缺钾元素，需不断补充。

植物和人一样，不能吃得太饱，也不能饿得太久，给植物施肥必须薄肥勤施，正如清代陈淏子的《花镜》中所说："植物莫不以土为生，以肥为养，浇、灌之于花木，犹人之需饮食也，不可太饥、亦不可太饱，燥则润之、瘠则肥之，全赖治圃者，不时权衡之耳。"植物和人一样，张三李四胃口不同，比如月季胃口大，要多吃一点，兰花胃口小，得小心伺候，别胀伤了。《花镜》曰："但浇肥之法，草与木不同：草之行根浅而受土薄，随时皆有凋谢，逐月皆可浇肥，唯在轻重之间耳，木则不然，二月至十月(阳历 3～11 月)浇肥，各有宜忌。"

另外，植物也和人一样，不同生长发育期营养要求不同，比如菊花的苗期要让它少吃一点，以免叶子徒长，到了孕蕾开花前一两个月要施重肥。

人的一日三餐宜"好、多、少"，植物的生长季也有同样的要求。冬去春来开始萌动，提供给植物的营养成分要仔细搭配，到了生长发育的盛期，要让它们吃饱，入秋后要少施肥，避免秋发遭受冻害，进了寒冬，植物休眠了，它不想吃，你就别喂了，至于冬天翻土(或翻盆)添加有机肥那是为明年的生长打基础。

植物需要的是十多种营养元素，但它们不挑食，这些营养元素可以从各种有机物分解获得，也可以从许多无机物中获得。

植物也吃荤，除了捕虫草会生吞活咽昆虫外，动物体分解后都能成为植物的营养。

如果植物营养不良，会表现出病症。植物缺氮时，叶绿素形成减少，植物生长细弱、叶片小、叶色黄、苗期后老叶枯黄，乔木过早木质化，变成"小老树"。植物缺磷时，须根变少，植株矮小，叶子常有红紫斑点，出叶迟、落叶早，开花延迟，果实小而味淡。植物缺钾时，老叶尖端和边缘变黄、渐枯萎，逐步向植株上部发展，直到大部分叶子枯黄。正如《花镜》中所说"地有高下、土有肥瘠、粪有不同，若无人力之滋培，各得其宜，安能使草木尽欣欣以向荣哉？"

（陈 新）

几种常用化肥

氮肥：硫酸铵，含氮20%～21%，俗称肥田粉，白色结晶。

尿素：含氮45%～46%，结晶状或粒状，是人工合成的第一个有机物，含氮高，用时量宜少，以免灼伤植物。

磷钾肥：磷酸二氢钾，含五氧化二磷52%，一氧化二钾34%，白色粉末，可用0.1%～0.2%喷叶背，有利开花结果。

氯化钾：含一氧化二钾60%，酸性土常需补钾。

花草树木可根据不同种类、不同生长期的各自需要，合理选择以上化肥，按一定比例施用，宜薄肥勤施。

多面手芦荟

植物世界中，具有药用价值的品种何止万千，然而像芦荟这样能治疗多种疾病，兼有保健、美容、食用价值的植物却很少。

早在四千年前，人们就发现了芦荟的药用价值。1872年，德国学者格奥尔哥·耶比鲁斯在埃及金字塔中的木乃伊膝盖旁发现了公元前1550年的医书《耶比鲁斯·巴比路斯》(Ebers Papyrus)，书中记录了芦荟的药用价值和制作木乃伊防腐剂的方法，说明在这以前数百年已开始用芦荟做药了。

到了中世纪，神父、传教士们在布道时带着芦荟同行，将它的效用传入欧洲。

12世纪，芦荟载入德国药典，从而逐步在全世界得到宣传普及。

在中国，唐代诗人刘禹锡的《传信方》和唐代李珣的《海药本草》都介绍了芦荟的药效。公元973年，宋代的《开宝新详定本草》正式介绍和认可了芦荟的药用价值。明朝李时珍的《本草纲目》更是对芦荟作了详尽解说。

经长期研究证明，芦荟具有抗炎抑菌、增强免疫力；治疗感冒、哮喘、便秘、腹泻、肠胃病、寄生虫、肝脏病、肾炎、糖尿病、癌症、高血压、心脏病、低血压、脱发、白发和减肥、防衰老等多种防治功能。有趣的是，芦荟既可内服，又可外用；既可止泻，又可利泻；既可治高血压，又可治低血压；既可美容，又可食用健身。

芦荟为什么有那么多治病功能和奇效呢？对此，中外科学家做了大量分析研究。据美国得克萨斯大学 W. Winters 博士介绍，芦荟至少含有140多种成分，包括抗感染、刺激免疫细胞生长、愈合伤口等成分。因此，芦荟被称为“植物药厂”。经分析，芦荟中的多种植物酚具有利泻、抗炎杀菌、抗过敏、防止老人斑、黑色素生成等作用。剖开芦荟,那半透明黏糊糊的东西主要是多糖类和黏蛋白,将它涂在皮肤上,可使皮肤鲜柔,富有弹性和光泽,可治愈创伤、降血糖、抗癌、助消化、促进细胞活力、提高生育能力等。

芦荟中含有人体需要的多种维生素、多种矿物营养元素、19 种氨基酸、酶、植物荷尔蒙等,有助于健身、提神、抗衰老。日本千叶大学的添田百枝博士发现芦荟中的阿莫米嗪,具有强烈抗菌、抑霉作用,能促进细胞新陈代谢,医治溃疡和提高免疫力、抗癌。芦荟的疗效很多,但要因人而异。

芦荟可以生食,将鲜叶洗净去刺,开水消毒后就可食用,也可将芦荟切片晒干泡茶或浸酒,还可将干片粉碎包入胶囊后服用。对容易腹泻、体弱病人或小孩可加水煎煮过滤后服用。

芦荟外用时,可将鲜叶洗净,开水杀菌、去皮后直接敷贴或涂抹,也可在芦荟汁中加小麦粉调成软膏抹在纱布上贴患处,还可将芦荟汁过滤后加柠檬汁、酒精制成化妆液或将芦荟加入乳液、油膏中涂抹,如用芦荟叶煮后加入水中沐浴,还可治皮肤病、神经痛、风湿、腰痛等。

芦荟属百合科,是多年生常绿肉质草本植物,种类达 300 多种,小的仅几厘米,大的可高达 20 多米,有叶肉厚实带刺的,有叶肉薄而无刺的,有花朵绚丽却不结籽的,也有叶片上带漂亮斑纹的,有苦的,也有不苦的。

（陈　新）

品尝芦荟

芦荟可以生食,只要把新鲜叶片割下洗净,去掉两边尖刺,用开水消毒后就能吃了。

为减少苦味,可将生叶切成薄片后拌蜂蜜、砂糖食用,也可拌糖醋生食,或与其他菜配起来炒了吃。即使不苦,有人还是吃不惯,这时可切片浸在酸奶或果汁中一起吃。吃剩的叶片,应当用保鲜袋包好放入冰箱保存。

国色天香的牡丹

牡丹花大色艳、姿美香浓、五彩缤纷、雍容华贵,号称“国色天香”、“花中之王”,我国人民视牡丹为和平、幸福、繁华、富足的象征。

牡丹是毛茛科落叶灌木,花大可达 30 厘米,花色有红、粉、黄、白、绿、紫、蓝等。花型有单瓣型、荷花型、菊花型、蔷薇型、托桂型、金环型、皇冠型、绣球型、千层台阁型等。品种多达 500 余种,这是历代精心培育的结果。

牡丹作观赏花卉的栽培,始于南北朝,隋代王应麟的《玉海》记载的牡丹有 10 余种,北宋周师厚的《洛阳牡丹记》列出 109 余种,明代薛凤翔撰的《亳州牡丹史》记述了 150 多个品种的形状、颜色,《亳州牡丹表》列举了 267 种,1911 年赵世学的《新增曹州牡丹谱》中记载了 240 种。公元 8 世纪牡丹传入日本,18 世纪传入美国,此后欧美等逐渐引种和杂交育种。如今,在美国牡丹已有 400 多种,法国、日本也有 200 多种。

牡丹与芍药相似,但芍药是多年生草本植物,牡丹是灌木,植株茎秆木质化。芍药的花期比牡丹迟一个月左右。另外,芍药较牡丹更易栽培。

牡丹不仅观赏价值甚高,其根皮还可入药,称“丹皮”,具清热、凉血、活血、散瘀、镇痛、镇静等功能,可治发热、盗汗、挫伤淤血、咽喉炎、咳嗽、高血压、肾亏等,常用的成药有“六味地黄丸”、“杞菊地黄丸”、“咽炎片”等。牡丹根皮的药疗功能,主要是含有牡丹酚,对伤寒杆菌、大肠杆菌、溶血性链球菌、肺炎球菌等抗性较强,对白喉杆菌也有抑制作用。

牡丹为肉质根,宜栽在排水良好的沙壤土上,繁殖有播种、分株、嫁接、压条等法。

牡丹的民俗爱好也颇多风采,种牡丹、赏牡丹、唱牡丹、牡丹花会已成为各民族的风俗风情,如安徽巢湖朝拜牡丹神;甘肃“花儿会”唱牡丹;洛阳、菏泽、北京、杭州、四川彭县、安徽铜陵举办的牡丹花会和灯会。河南民歌《编花篮》唱道:“编、编、编花篮,编个花篮上南山,南山开遍了红牡丹,朵朵花儿开得艳”。牡丹的绘画多润秀清雅、神态各异、生机勃勃,云南大理的木雕、福建惠安的石雕、宁夏的砖雕、江西景德镇的瓷雕,无不飘溢着牡丹芳香。牡丹图案的工艺品、生活用品遍及各地。

(陈　新)

瓶栽植物

在国外，一种能看到绿色植物生长全过程的瓶栽家庭园艺十分盛行，即把漂亮的花草、多肉植物及蕨类植物种在密封的玻璃瓶中，经过多年的栽培，不需浇水仍然常青，而且能透过玻璃瓶等器皿看到植物根部生长的种种奇观。

瓶栽植物是学习有关植物的科学知识及观赏植物的最佳方法，既简便又清洁，而且十分有趣。科学家们发现瓶栽植物成活的奥妙在于植物在光合作用、呼吸过程及水分的吸收与蒸腾能在一个密闭的瓶内保持自体循环，如根部吸收水分经过叶面气孔排出，蒸腾出来的水珠沿着瓶壁回到栽培介质中去，呼吸出来的 CO_2 作为植物进行光合作用的原料，植物本身在夜间还要进行呼吸，而光合作用排出的氧气正好被利用。因此瓶中一直是湿润的小气候环境，极适应喜湿性植物的生长。

另外，在玻璃器皿中还可制造无出水孔植物的生长环境。在一个量杯、量筒内底层铺上彩石、陶粒、砖粒、浮石等作为积水层，上面放进透水性良好的栽培轻介质，如种上文竹或经试管培育出的兰花、蟆叶海棠、花叶芋等，由于根部毛细管的作用，使根部深入砖粒、浮石间吸到水分，积水层实际起了小水库的作用，于是根的生长奇观一目了然。由于积水和栽培介质清洁，很少有病虫害侵袭，故而生长茁壮。喜湿性植物一经在瓶中密封，由于自体循环，所以长出的叶子都十分翠绿清洁。

瓶栽植物是从缸栽植物演变而来。英国维多利亚王朝时代，有人用考究的容器制成温室栽花。如今则用透明的玻璃或塑料制成各种容

器栽花，此外还可用金鱼缸加盖或用玻璃杯、酒瓶做成“瓶景”、“瓶园”。栽植的方法是在容器底部铺上一层清洁的碎瓦片或砂质壤土，上面再薄薄地铺上一层水苔后再放种植用土(可将珍珠岩或蛭石与山泥或泥炭混合使用)。根据观赏需要，将土堆成具有一定起伏的形状，将不同形状和色彩的观叶植物配置种植，便成小小的“瓶园”，是一个名副其实的微型园艺。

瓶栽植物以种植蕨类植物最为合适，因为蕨类植物富有野趣，叶片也很秀逸，尤其一些叶片娇小的蕨类植物，植株十分小巧，如铁线蕨、凤尾蕨、江南星蕨、瓶尔小草等，都能在瓶中长得十分有趣，而且它们在瓶中生长一直处于水、肥、光、温等栽培因子合理的封闭环境中，无需用很繁琐的培养方法来养护管理，便能正常生长。在这种空气湿度大的瓶中，更有利于孢子的萌发，一株又一株，苍翠诱人，别具一格。

在家庭园艺布置中，瓶栽植物将随科学技术的进步而发展，前景会更好。

(郇志星)

绿色与心理健康

越来越多的研究表明，环境污染容易使人处于疲劳、萎靡不振的状态中。在室内，吸烟、烹饪产生一氧化碳、尘埃以及硫和氮的氧化物，建筑装潢材料中挥发出的甲醛等化学物质，在室外人群拥挤、街道上充满车辆废气和喧嚣噪音等，这些都容易使人感到头晕、昏昏欲睡、精神不振，而在户外绿地则可以避开这些有害的环境因素。在幽雅的绿地中，冬季晒晒太阳，夏季乘乘凉，呼吸新鲜的空气，可以使人体吐故纳新、阴阳协调。在绿色植物密集的森林、公园，空气中的污染物少，植物散发出的“负离子”浓度较高，可以促进胃肠消化、加强代谢、调节神经系统，被誉为大气中的“维生素”，也是人们的“健康之源”。

城市绿地的另一大优点是可以进行适当的户外运动，如散步、慢跑等，有条件的绿地还带有羽毛球、篮球等便捷式运动场地。一些心理学家认为心理疲劳是由于抑郁、精神压力太大所致，可以通过一定方式的活动“发泄”心中的郁闷以舒解不良情绪。在感到精神不振时，不妨到附近的绿地里活动活动身体而让头脑休息，这样交替运动，不仅可以在不经意间使神经系统得到有益的休息和调整，还可以使身体得到很好的锻炼。在大型的绿地和公园，甚至在大自然的旷野、树丛、山坡、海滩等地，心理疲劳者还可以放开喉咙，尽情地大喊大叫，让心中的忧虑、苦闷、焦虑、抑郁随吼声飘散在大自然，也许会起到意想不到的效果。国外的研究结果表明，当人们眼中的绿视率达到25%时，就会心旷神怡，使眼睛消除疲劳。

绿地植物花朵、叶片的色彩及其搭配也是对人们心理疲劳调节的重要元素。颜色有增强情感的力量。红色、黄色、橙色和它们的复合色被归为暖色，可使感觉中的距离变短，让人易联想到火和热，常使人受到鼓舞，产生兴奋和活泼，暖色越多，这种影响力越大。相反，蓝色、紫色和绿色被称为冷色，可使感觉中的距离变远，容易使人想到水和遥远的时空。蓝色使人产生平静的情绪、遥远和坚定的感觉；紫色则可以使人产生脱俗之感；绿色是绿地的主体颜色，显示草木旺盛，是丰饶和充足的象征，还可以让人眼睛得到休息。色彩的不同组合同样给人带来不同的感觉。丰富的色彩比单纯的颜色更浓重，更生动逼真；互补的两种颜色组合显得对比更加强烈，如黄色和蓝色、红色和绿色等，使人感觉更加纯净和耀眼，适合困

倦时起精神振作之用。

新型公路不仅两旁种植了高耸的林带和繁茂的花草用来减少空气污染和噪音，而且还在路面上实施了绿化。草场的路面上还要穿小孔，并在小孔里种上绿草，这样路面在绿草的保护下不会受到汽车碾压的影响，由于70%的路面上长有绿草，大大减少了太阳光的反射。

（田　旗）

满眼绿色的公园

梅花与蜡梅

梅花，是一种顽强、富有斗争性的品格之花。它冰里孕蕾，雪里开花，冲破了早春花市的孤寂，给人们带来无限希望和生机。自古以来为世人所推崇，它与松竹并列，被誉为“岁寒三友”。“万花敢向雪中出，一树独先天下春”，“欲传春消息，不怕雪埋藏”，“傲干奇枝斗霜雪”，都是对梅花斗争精神的绝妙写照。因梅花开在群芳之先的品格，故又有“花魁”之称。

我国梅花特产，为世界梅花的分布和栽培中心。1998 年，经国际栽培植物命名委员会批准，依托中国梅花(腊梅)协会，成立梅品种(梅花和梅)国际登录中心，突破了我国花卉国际登录零记录，陈俊愉教授荣任我国第一位花卉国际登录权威。

梅花栽培品种有 300 多个，按进化分为 3 系 5 类 18 型。即：真梅系、杏梅系、樱李梅系等 3 系；直枝类、垂枝类、龙游类、杏梅类、美人梅类等 5 类和江梅型、宫粉型、玉蝶型、朱砂型、绿萼型、洒金型、单粉垂枝型、白碧垂直型、骨红垂直型、玉蝶龙游型、送春梅型、丰后型等。

梅花是长寿树种。现有存活千年的杭州超山宋梅和昆明元梅。如今浙江天台国清寺还保留着一株隋梅，距今 1 400 多年，恐怕是世上最古老的梅了。

梅花神、姿、色、态、香俱属上乘，它的传神和写意为花中之最。历代咏梅、画梅、植梅蔚然成风，情系着中华儿女对梅花的热爱，对它气节品格、精神的推崇敬仰。

红梅，最为人们熟悉，历史上还有一段宋朝著名女词人李清照与红梅的故事。据载，她自丈夫赵明诚死后，南逃避难，流落江南桃花坞，独居破烂茅屋内。某一年时近岁尾，大雪过后，李清照在红梅树下，摘了半篮红梅，用红梅瓣粘出了半联对子“独梅隆冬遗孀户”。桃花坞对面的杏花村，有一个丧妻的读书人，他见了这一上联，猜出了李清照的心思。待到二月杏花开时，他采了半篮的杏花，来到李清照门前，贴了一张红纸，涂上糨糊，用杏花瓣对出了下联：“杏林春暖第一家”。两人情投意合，遂成终身伴侣。

北宋的林和靖结庐西湖孤山，植梅为妻，畜鹤作子，他的别致生涯，至今仍传为佳话。

历代骚人墨客，以梅花为题材，作诗绘画、编剧说唱甚多，尤在南北朝有“以花闹天下”之说。乐府中有《梅花落》；民乐常奏《梅花三弄》；越剧有《二度梅》；评弹有《梅花梦》。诗词歌赋中咏梅之作更多，杜甫、白居易、苏东坡、王安石、陆游都有传世之作。毛泽东的《卜算子·咏梅》，陈毅的《冬夜杂咏·红梅》更是气势磅礴！

明朝龚自珍写过《病梅馆记》，托物喻人，把病梅比喻当时腐朽势力摧残压抑人才，大声疾呼“江浙之梅皆病”，决心“穷予生之光阴以疗梅”。

对梅花的欣赏有“四贵”之论：贵稀不贵繁；贵老不贵嫩；贵瘦不贵肥；贵含不贵开。

与梅花差不多同时开花，花香也相近的还有一种名为梅而不是梅的花卉——蜡梅。

宋代范成大所著《梅谱》就记载：“蜡梅，本非梅类，以其与梅同时，而香又相适，色酷似蜜脾，故名蜡梅。”《群芳谱》中说：人言腊时开，故以腊名，非也。盖其色似黄蜡耳。因此有人称之为“蜡梅”。据考“腊”与“蜡”同义，两者均可通用，然旧时“黄梅”一名，今人则少用。

古时人们把腊梅名为“素儿”，其名来源于《宾朋宴语》：宋代诗人王直方的父亲家中有许多侍女，其中有一个叫素儿，姿容最美。有一次诗人晁无咎到他家来，王折了一枝腊梅赠晁，晁赋诗答谢曰：“去年不见腊梅开，准拟新枝恰恰来；芳菲意浅容颜淡，忆待素儿如此梅。”

古时的鄢陵、襄阳、荆州都盛产蜡梅，尤以鄢陵为最，因此，又有“鄢陵蜡梅冠天下”之誉。传说古时鄢国御花园里，国王最喜爱黄梅(现在也叫腊梅)。可是黄梅好看耐寒，却没有香气，使国王很感烦恼。他传下圣旨，要御花园里的花匠想办法使黄梅吐香。到下年冬天如黄梅还不吐香，他就要把这些花匠全都杀光。眼看冬天快到了，花匠个个心里都很着急。这天，花园门口来个姚姓叫化子，衣衫褴褛，又脏又臭，一手拿着几枝臭梅，一手拿着饭罐，硬要进御花园里去。看守不准他进去，他哈哈大笑说：“莫笑老姚身上脏，御花园里花不香……”看守要打他，被众花匠劝住了。

众花匠还纷纷掏出钱给老姚叫他快走！老姚接过钱，然后把几枝臭梅送给大家，说："谢谢你们好意，我没什么东西好报答，这几枝臭梅就留给你们吧！别看它臭，它跟你们御花园里的黄梅还有不解之缘哩！"尔后不知去向了。花匠中有个聪明人也姓姚："既然老姚说黄梅与臭梅有不解之缘，咱就把臭梅接到黄梅树上试试吧！"过了一段时间，星星点点的黄梅花苞都绽开了，而且香气扑鼻。因花匠都姓姚，又因香黄梅是姚姓培育出来的，所以又有"姚家黄梅冠天下"之说。

蜡梅花朵密蕊黄瓣，花心、花蕊均成黄色，没有夹杂其他颜色的，为素心种。有磬口、荷花、素心、虎蹄、狗蝇、十月黄等种。"磬口蜡梅"，朵大瓣阔而圆，色深黄，形似白梅，颇为耐开，凋谢时仍半含如磬，心有蜡光而香最为浓烈，居各品之首。素心种，花瓣先端圆而略尖，黄色，盛开时，花瓣反卷。有的开后花心会渐泛红晕，有的瓣尖色淡花小，则略逊色。"狗蝇蜡梅"，花朵较瘦小，花瓣长而尖，中心小，花瓣紫色，花有微香。有一种叫"荤心蜡梅"，瓣尖突而内缘红褐；花小香淡，远比前者差矣；枝干杂乱，树姿欠美，但抗力特强。

梅花与蜡梅的相同之点：

都开花于冬春间，花期均较长；都在冬季落叶，且均先花后叶；花均有芳香，"香又相近"；梅花和蜡梅的病虫害都较少；均较耐粗放栽培，均系长寿树种；对风土的适应性都较强；都较易形成花芽，且有布置园林等多种用途；都是中华特产的传统名花。

梅花与蜡梅的主要差异和各自的特点：

第一，梅花属蔷薇科李属，花着生于一两年生或更老的长花枝、中花枝、短花枝、花束状枝或枝刺上，花多呈粉红、纯白、紫红或彩纹斑点等色，个别品种开淡黄花，如国内久已失传的"黄香梅"就是。蜡梅则属蜡梅科蜡梅属，花多单生，花色以蜡黄为主。梅花多单瓣、复瓣、重瓣或花心具台阁，一般仅具萼片 5 枚，大都呈绛紫或绿色；蜡梅则萼片很多，均呈花瓣状，色形俱似，花色逐步过渡。

第二，梅花一般结实性稍差，重瓣品种尤然。蜡梅则结实性特强，重瓣素心品种易结实。

第三，梅花花期受气候影响甚大，各地花期差异显著。蜡梅花期受气候影响较小，通常多在 11 月下旬至 3 月开花，因地区与品种而异。

第四，梅花花色品种繁多，蜡梅变种、品种均较少。

第五，梅花原产地区较广泛，西至西藏，东抵台湾；蜡梅原产地集中于我国中部并以湖北、陕西为中心产区。

第六，梅花以暗香著称；蜡梅则以清香闻名。

蜡梅

第七，梅花为乔木，高 4～10 米，罕呈灌木状。蜡梅系灌木，枝干丛生，一般高 2～4 米而已。

第八，梅花比蜡梅寿命长。

第九，梅花小枝碧绿色，叶互生，边缘有细锐锯齿，具托叶；蜡梅小枝黄褐色，叶对生（罕三叶轮生），边全缘，托叶缺如。

（梅慧敏）

中国古梅

中国境内有一些历史悠久、比较为人所知的古梅。其中有代表的是楚梅、晋梅、隋梅、唐梅和宋梅，有"五大古梅"之说。楚梅：在湖北沙市章华寺内。据传为楚灵王所植。如此算起至今已历 2 500 余年，可称最古的古梅了。晋梅：在湖北黄梅江心寺内。据传为东晋名僧支遁和尚亲手所栽，距今已有 1 600 余年。冬末春初梅开两度，人称"二度梅"（还有一个说法，因整个花期历冬春两季而得二度梅的之名）。原木已枯，现存为近年后发的新枝。隋梅：在浙江天台山国清寺内。相传为佛教天台寺创始人智者大师的弟子灌顶法师所种，距今已有 1 300 多年，唐梅：现在有两棵古梅并称"唐梅"。一在浙江超山大明堂院内，相传种于唐朝开元年间。一在云南昆明黑水祠内，相传为唐开元元年（公元 713 年）道安和尚手植。宋梅：在浙江超山报慈寺。一般梅花都是五瓣，这株宋梅却是六瓣，甚是稀奇。

凌霄

紫藤与凌霄

当人们进入花园中，棚架、假山和墙垣的攀援植物常常是最吸引人的景点，它们或是绿荫遮天，或是繁花似锦，或是硕果累累。其中，最常见到的又不太容易识别的却是一对姊妹花——紫藤与凌霄。这是因为它们有很多共同点：都是具有攀援习性的落叶木质藤本；叶片都由羽毛状排列的7～11或13枚小叶组成一枚大叶片，随风摇曳婀娜多姿；远看其果实都是豆荚，生性泼辣，病虫害少。但是，它们的亲缘关系却是太远了，不仅是不同种，而且是不同的科和属。

紫藤是藤本豆科紫藤属植物，别名藤萝、朱藤、木笔子，树性粗野，生长迅速，其茎能随附石岩，攀栏缠架，枝叶交接形成绿色天篷，上面悬挂着由淡紫色蝶形小花组成的一串串花序，犹如成群蝴蝶散发出馥郁芳香，每年4～5月开花；果实为条形的豆荚果，9～10月成熟。唐代诗人李白诗云："紫藤挂云木，花蔓宜阳春；密叶隐歌鸟，香风流美人。"十分生动地描绘了紫藤优美的姿态。紫藤喜光略耐阴，喜湿润、肥沃土壤，要求避风向阳，但也有一定耐瘠薄水湿能力，适应土壤酸碱性的能力较强，是长寿树种。如上海市闵行区与金山区均有450年以上的古树，据记载，闵行区"紫藤棚镇上一棵紫藤，系明朝正德、嘉靖年间，文人董其昌所手植"，该镇因此株有470多年历史的古紫藤而命名。四川省新都县有一株树龄数百年的紫藤成了当地桂湖一景，命名为"迎客藤"。江苏省苏州市拙政园内有一两人合抱的紫藤树，系明代文徵明手植。另据报道，美国加利福尼亚州的一株紫藤，枝蔓长达152米，遮阴面积达4 000多平方米，春季开花达150万朵，浓阴下可容数百人活动。紫藤不仅是优良的园林观赏植物；树皮纤维可编织家具、器皿，种子炒熟后，研末洒入酒中可防变质，花

凌霄

紫藤

朵用水洗净和入面粉做“藤萝饼”，用白糖浸渍也十分可口，为北京特产，也可浸泡、挤干、晾晒后凉拌、炒菜；其嫩叶可作饲料；茎皮、花、种子均可入药，有活血、消肿功效，主治胃痛、跌打损伤、疝气、风湿等，种子有滋补、镇咳功能，但内含氰化物，有毒，故用量不宜过大。

凌霄紫葳科凌霄属。别名紫葳、傍墙花，古籍中又叫陵苕，《诗经》中已有“苕之华”的诗句，从中可知凌霄是自古以来就为我国人民熟悉的观赏植物。凌霄原野生于山谷河边，疏林坡地，其藤性坚韧，生长健壮，借茎上气根依附南向树干、石岩，势冲云霄，故李时珍云：“附木而上，高达数丈，故曰‘凌霄’。”凌霄的攀援习性则成为文人骚客借物寓志和借喻诲人的题材。如唐代诗人白居易的有木诗：“有木名凌霄，……托根附树身，开花寄树梢。自谓得其势，无因有动摇。……寄言立身者，勿学柔弱苗。”是喻人自立为本。也有人说它雄心勃勃的凌云志，富有奋发向上精神。郭沫若说：“人们叫我们是凌霄，有点夸大，我们是蟠着大树的南枝往上爬。写成‘陵苕’看来是好一点，凌霄的不是我们，是我们的东家”(《凌霄花》)。凌霄与紫藤虽同为落叶木质藤本，但凌霄体形不大；两者叶片虽均为奇数羽状复叶的小叶组成，但凌霄叶缘有整齐锯齿。且凌霄开花不在春天而是在园林植物开花很少的 7～9 月夏秋季，花大，呈漏斗状钟形，初为火黄橙色，后转红色，十余朵生在顶端，碧叶绛花，纤蔓枝柔，红英灼灼。它的果实虽似豆荚，但为扁长条形，坚硬，10 月成熟，成为有别于紫藤的另一种景色。凌霄喜阳光，温暖，湿润，适于栽于排水良好肥沃疏松的土壤中。可用于棚架、花门、假山、墙垣，也可盆栽；它的花和根有凉血功能，叶可治喉痹热痛、风痒、关节炎等症。但据古书记载，凌霄花不香，久闻伤脑，花粉有毒，侵入眼中，会引起红肿。

(严玲璋)

奇怪的黄雨

1976年秋，在唐山大地震后一月余，江苏北部的如皋、靖江、海安、泰兴、东台以及长江以南的沙河县等地相继出现奇怪的蜡状黄色的雨点——“黄雨”。当地人民议论纷纷，或传为是地震的先兆，居民离家出走，田野到处见有简陋棚屋；或认为是敌人空投的毒物，当地居民不敢饮水……众说纷纭，人心动荡，社会不宁。

南京地质大队得知消息后，立即分赴现场，了解情况、采集样品，南京大学地质系对采集的“黄雨”样品进行分析鉴定，结果认为：“黄雨”主要由现代植物的花粉组成，并伴有少量藻、菌植物体。为了揭开“黄雨”成因的秘密，还其庐山真面目，南京大学地质系专家组来到现场，进行详尽的调查研究，结合室内分析结果，提出了“黄雨”的蜜蜂粪便说，这种对“黄雨”成因的认识达到了国际领先水平。

据调查，“黄雨”的降落有时间集中、分布空间狭小的特点。例如海安、靖江等地“黄雨”降落时间在当年的8月30日到9月22日之间，“黄雨”降落时呈液状或糊状，细而长，常呈一节节的，直接降落在植物的叶子、屋顶或田地上。降落在地面上，呈半瓣黄豆状，淡黄色或褐黄色，大小一般为2～5×3～6平方毫米；若降落在斜面上，则呈蠕虫状，可看到由高往低流动的痕迹。黏结不紧，用手捻之，即成粉状。“黄雨”降落时间很短，一般持续数分钟至十几分钟，且空间分布局限，仅几亩到上百亩。“黄雨”滴落地表的密度也很小，每平方米几个到十几个，个别地方达160余个。从气象资料来看，降落“黄雨”时的天气无明显异常，一般为多云到少云，时间以中午和下午居多。

苏北“黄雨”样品经显微镜镜检和统计，其中榆属花粉占83%，禾本科花粉占11.8%，菊科花粉占3%，其他藜科、菊科蒿属、龙胆科荇菜属花粉各占0.4%，伞形科、唇形科、八角枫科、含羞草科及未鉴定的三孔沟花粉各占2%，此外，还有少量的藻、菌植物体。

从“黄雨”样品的分析结果可以看出，花粉种类比较单一，其中榆属花粉占绝对优势，草本植物花粉含量不多，以禾本科为主，其次为菊科花粉，未见到裸子植物花粉和蕨类植物孢子。基于上述特点，查阅榆科的有关文献，指出榆属为北半球分布很广的木本植物，国产有10种，苏北地区习见分布仅2种，它们是白榆和榔榆，两者在我国分布都很广，但开花期是不同的，白榆于早春先叶后花，而榔榆则在秋季开花。苏北“黄雨”中发现的榆树花粉究竟是哪一种呢？这是一个必须弄清的问题，对照白榆、榔榆原植物的花粉制片，发现不论花粉大小、外壁纹饰和萌发孔的形态特征，都与榔榆花粉完全一致，肯定是榔榆的花粉。因此，可以推测在“黄雨”分布范围内或其邻近地区一定有正在开花的榔榆林存在。另外，“黄雨”样品中还含有禾本科、菊科等多种植物花粉，这些花粉大体上反映了当地秋季开花植物的种类。为此，可以肯定认为：“黄雨”的物质组成来自当地开花植物的花粉。

“黄雨”组成的谜底揭开了，但这些花粉又怎么变成从天而降的“黄雨”呢？

原来，榔榆、禾本科、菊科等花粉都是秋季重要的蜜、粉源植物，为蜜蜂所喜食，但花粉粒都具有2层细胞壁，其中外壁质地坚固、耐高温、耐酸碱，很少为蜜蜂的消化道和消化液所破坏。更有意义的是在“黄雨”样品中还发现少量衣藻属等水生藻类及水生植物——荇菜的花粉，这些藻类及荇菜花粉都是蜜蜂在水边取水时进入体内，其中一部分混入排泄物内。

研究证明，“黄雨”的形成与蜜蜂的活动有关，是蜜蜂飞翔时排泄的粪便。

为了进一步证实“黄雨”的蜜蜂粪便说，将“黄雨”样品和蜜蜂的粪便及采粉蜂“花粉篮”中的花粉团进行对比观察，发现花粉团中有99%以上的花粉是完整的，而“黄雨”样品中的花粉有12.6%遭到不同程度的机械破损，蜜蜂粪便中的花粉也有12.1%遭到机械破损。另外，“黄雨”和蜜蜂粪便颗粒的坚实度、清洁度等都很相似，而和花粉团显然不同，因此，“黄雨”蜜蜂粪便说是肯定无疑的。

“黄雨”之谜终于真相大白，但有关“黄雨”的故事还没有讲完。无独有偶，1982年，东南亚各国相继发现“黄雨”。关于“黄雨”的成因引起美国等学术界的关注，通过多年的争论，直到20世纪80年代后期，“黄雨”蜜蜂粪便说获胜，争论才告结束。

（冯志坚）

指示植物与探矿

北美洲有个气味山谷，当地的印第安人把它叫做“有去无回”山谷。这里风和日暖，土壤肥沃，草木繁盛，可是到这里定居的人们，不出数年都会死亡，甚至误入其间的野兽，也会很快死去。后来欧洲移民来到这里，他们翻耕土地，播种庄稼，作物获得丰收。但好景不长，一只“无形的魔掌”偷偷地向他们伸来，有人眼睛瞎了，有人毛发脱落了……人们相继死去，于是，气味山谷又恢复到原来的宁静。

第二次世界大战以后，山谷里来了一批地质人员，通过调查研究发现，这里的地层和土壤中含有大量的硒(Se)，同时缺乏硫。这里的植物为了维持正常的生长，就从土壤中吸收与硫性质接近的硒，以补偿土壤中硫的不足，这样一来这里的植物体内便含有高浓度的硒，当人们或动物直接或间接地食用这些植物后，植物中的硒就在生物体内积累起来，造成人和动物机体遭受毒害，以致死亡。真相大白后，人们利用植物能积累硒的特点，大量种植豆科紫云英属植物，在收割、晒干、烧成灰后，从中提取硒，每公顷可获得 2.5 千克硒，从而彻底改变了这个山谷的坏名声。

根据上述故事的启示，人们对植物所表现出的这类特性，以及植物与环境之间的密切关系进行深入探索，从而形成一门新的研究领域——指示植物学。

指示植物学是一门涉及面很广的学科，它的研究对象是指示植物。所谓指示植物，是指在一定自然地区范围内，能指示环境或其中某一因子特性的植物种、属或群落。例如，石松是酸性土壤的指示植物，仙人掌是土壤和气候干旱的指示植物，马尾松、映山红、铁芒萁群落是我国南方红壤的指示群落，等等。

指示植物学在地质学方面被广泛地应用着。

1952 年，我国的地质工作者在安徽某铜矿进行勘查时，发现海州香薷是一种铜矿指示植物。消息传开后，江苏、湖北、安徽等地在一些已知的铜、铁矿床上对它进行了广泛调查和分析，发现有海州香薷生长的土壤中，铜的含量高达 1 000～2 000 毫克/千克，从而确认海州香薷是有效的铜矿指示植物，被用作铜矿普查的标志之一。随着人们对铜矿指示植物的不断探索，发现除海州香薷外，石竹科、蓼科、唇形科、杜鹃花科、鸭跖草科等部分植物也是铜矿的指示植物。

1980 年，中国科学院植物研究所在辽宁红透山铜矿发现，在含铜量 500 毫克/千克以上的土壤上，常有细梗石头花成丛地生长，而在含铜量低于 150 毫克/千克的地段上，未见该植物生长。分析结果表明，细梗石头花地上部分的含铜量和土壤中的含铜量相关性十分显著，确认细梗石头花对含铜量高的土壤有指示作用。

同样，中国科学院植物研究所在辽宁青城子铅锌矿区调查发现，酸模叶蓼、荅草和胡枝子生长繁盛，形成群落，而在其他地方生长稀疏或不易见到，确认它们是铅锌矿的指示植物。在国外，人们同样发现有些植物对矿藏有一定的指示作用，例如，在生长林堇菜和芦叶堇菜的地方可能有锌矿，生长针茅的地方可能有镍矿，生长喇叭茶的地方可能有铀矿。在氮和磷很丰富的地方荨麻生长特别旺盛。

科学工作者还发现，植物不仅能反映土壤中矿物质的含量，还能把从土壤中吸收的矿物微粒排放到大气中去。据估计，植物每年以这种方式排放到空气中的各种矿物质超过 10 亿吨。科学研究证实，植物主要是通过水分蒸发把各种元素带到大气中去的，特别是氯、钠、钾、锂等元素。为此，在无风的天气，人们通过测定空气的成分。就可以确定某些矿藏的地点，例如，在铜矿的上空，空气中铜的成分比其他任何地方都要高。

现代植物能指示矿藏的存在，同样，也能通过植物化石存在的多寡来寻找煤和石油矿藏。例如，据研究，我国主要成煤期有石炭纪、二叠纪、侏罗纪、白垩纪和第三纪。生长在石炭纪、二叠纪的植物有鳞木、封印木、楔叶木、芦木等高大木质蕨类植物；生长在侏罗纪和白垩纪年代的有银杏、苏铁、松柏等裸子植物；生长在第三纪的有松柏和被子植物。有人发现华南中生代有两个主要成煤期，一是晚三叠世，二是早侏罗世。在晚三叠世地层中发现苏铁及真蕨很丰富，这时期主要造煤植物是苏铁，而真蕨多为草本，植物体转化成煤质的不多，因此，我们可以把苏铁视为我国南方晚三叠世的“指煤植物”。同样，我们可以把银杏视为早侏罗世的“指煤植物”。关于石油矿藏的勘探，主要依据孢粉的颜色、种类及其组合来进行，这又是一门新兴的学科。

（冯志坚）

自然界中的神秘植物

读过《三国演义》的朋友不会忘记第七十五回“关云长刮骨疗毒(吕子明白衣渡江)”中的一段故事。当时蜀将关云长被曹仁部弩箭所伤,因箭头有毒,毒已入骨。正在生命危急的时刻,恰有一自称华佗的人特来医治。当整个刮骨去毒的治疗过程在关云长饮酒下棋之间完成时,他大笑而起,对众将说:“此臂伸舒如故,并无痛矣,先生真神医也!”

故事中的华佗(公元141～208年)便是三国时期著名的医学家。他一生中不仅发明了麻沸散,即古代麻醉药,用于外科手术的麻醉;还创造了五禽戏,与现代的保健操相似。据推测,华佗在给关云长动手术前,可能让他服了麻沸散,使手术得以顺利进行。

麻沸散的主要成分是什么?后人经多方考察,推测可能是由一种叫曼陀罗的草药配制而成的。

曼陀罗是一种茄科植物。明代著名医学家李时珍(公元1518～1593年)在《本草纲目》中写道:“八月采此花,七月采火麻子花,阴干后等分磨细,热酒调服三钱,不久便会昏昏欲睡。割疮针灸,若先喝一点,便不觉痛。”可见,我国医学家很早就能正确地认识和运用曼陀罗。

类似曼陀罗具有麻醉、镇痛作用的植物很多,但由于这类植物在发生药效的时候,往往会使人产生一种特殊的幻觉,所以有人称这类植物为“神秘植物”。

几个世纪以前,人们对这类植物认识还不够深入,留下许多关于这些植物“神秘”药性的记载,并将其广泛应用于巫术中,宣扬这些具有“神力”的植物。

希腊人卡罗斯记录下他擦曼陀药膏后产生幻觉的情形:“我感到自己在空中漫游、看到圣约翰坐在我下面……还看到身下黑黝黝的群山,上面是漆黑的天空,云儿从我身边飘过,我的速度快极了。”

在欧洲和印度,有一种叫曼陀茄的茄科植物,由于其具有与曼陀罗相似的致幻、镇痛作用,加上曼陀茄常生有类似我国东北人参那样分叉的根,更加神秘。

曼陀茄,又称茄参,具有分叉状、类似人腿一样的根,在中世纪的欧洲常被描述成小小的人形,这种描绘为巫医们宣扬这类植物超自然的特性加强了渲染力和神秘性。由此,曼陀茄常被看作是一种万灵药。有关曼陀茄的传说很多。相传，曼陀茄是发现女神（希腊神话中的智慧之神）赠给公元一世纪希腊第一位本草学者第奥斯考依德斯的礼物。几乎没有植物能像曼陀茄一样，人们除对其治疗和镇痛的功效有记述外，还对其复杂的植物形态加以详细描述。有人还将曼陀茄种入人形模具内，或采回根后进行雕刻加工，以增加其根的人形效果。甚至还有在其根上添画眼、口、鼻等，使其有雌雄根之分。这种人为的加工无疑增强了曼陀茄作为一种万灵药的声誉。

有一种美洲产的仙人掌科植物叫乌羽玉。千百年来美洲的印第安人就是靠服用这种植物来寻求宗教上的心醉神迷，印第安人广泛地在宗教仪式上和静坐冥想中使用它。人服用这种植物的干粉后，会产生一种愉快的、升华的感觉。自从英国小说家奥尔都斯·赫克斯利在《感性认识的途径》一书中描述了服用后的感觉之后，许多艺术家和小说家都迷上了这种植物，因此，这种植物的干粉被冠以“知识分子麻醉品”的美称。在我国广州华南植物园内，也栽种有这种植物。

有一次在广州，几位研究植物的专家在谈论蔬菜口感的时候，当谈到有些人对番茄的味道感到极不舒服时，华南植物园一位园林工人听到后，告诉大家，好像有一种植物的果实能让人在吃酸的番茄时感到甜。在这位园林工人的指引下，众人在园中寻到一棵树，采到了一粒莲子大小的红色果子，几个人分着先嚼一点果子，然后吃番茄，不仅不觉酸，甚至吃青的番茄也是甜的。原来这是一种 20 世纪 60 年代才从西非森林发现的山榄科植物，人们把它命名为神秘果。为什么神秘果能改变人的味觉呢？原来它里面含有“糖朊”这种活性物质，吃了能关闭舌部主管酸、涩、苦味的味觉，开放主管甜味的舌部味蕾，故能暂时引起味觉的变化。神秘果在我国广东、云南已有栽培。

和神秘果的“糖朊”一样，乌羽玉致幻作用主要是因为其含有仙人球毒碱，而曼陀罗和曼陀茄则是含有一种被称作莨菪碱的生物碱，这种生物碱具有麻醉和镇静作用。

这些植物，在没弄清其成分以前，总被认为是相当神秘的，是有神力的。在世界各地，很早便由江湖术士将其提炼制成蒙汗药、迷魂药和迷魂汤之类的麻醉药品。我国从华佗开始，将其正确运用于医药麻醉至今，已有 1 800 多年的历史。随着科学的发展，许多在过去被认为是神秘莫测的植物已被摘掉神秘的面纱，被越来越广泛地应用于医药、饮食业。

（冯志坚）

叶序与数列

在一棵植物上，叶将茎分成一个个部分，叶的着生点为节，两相邻节之间的部位称节间。叶在枝条上着生通常有两种方式，一是对生或轮生，即在枝条的同节生有二至多片叶；二是互生，在枝条的节上，仅有一片叶片着生。

当一个节上有两片叶的时候，它们是相对着生的，两叶之间相距为半圆，即 180°，若为 3 叶轮生，两叶之间的距离为 1/3 圆周，即 120°夹角。这种在同一平面上着生叶的情况，两叶之间的距离称水平间距，可用简单的分数表示为 1/2、1/3 圆周。

按叶发育的先后，对生或轮生叶一轮一轮延续下去，最后形成一个螺旋。2 叶对生的，两相邻节上的旋转角为 90°，即 1/4 圆周；3 叶轮生旋转角为 60°，即 1/6 圆周。这样，2 叶对生的植物，叶在茎上排列呈 4 条平行直线，3 叶轮生植物，叶在茎上呈 6 条平行直线。除分节外，生叶枝条还可以分层，每层叶的着生位置和分布相同，只是越靠近顶端的部分，表示于图上的直径越小。如 2 叶对生的植物，每层含 2 节，即顶面观由十字交叉的 4 片叶组成，如槭树、接骨木、龙胆等植物；3 叶轮生植物，每层含 2 节，即顶面观为 6 片叶组成，如欧洲夹竹桃。

叶互生的植物，其相邻两叶不仅在水平方向改变位置，也在垂直方向上改变位置，相邻两叶不会出现在同一平面上，相当于轮生叶的每一轮叶片呈一螺旋，绕茎一周延伸。互生叶的分布位置和数目在每一层内重复，最常见的是下面几种：

夹竹桃轮生叶之一

一、每层仅两片叶子绕茎一周，这两片叶在垂直和水平方向被相邻一层所替代，其水平间距为半圆，即 180°，一条从下面较老叶到上面较嫩叶在茎上着生点之间的连线、呈螺旋着生形式；每一层的连线就是“基础螺旋”。这种情况，每层绕茎旋转一周，靠近顶端排列的第二、三、四层第一片叶正好位于第一层第一片叶的上方，形成一条直线；同样第二片叶也是如此，形成相对的另一条直线。

两条直线相对，将茎分成两个半圆。叶的这种排列方式在榆属、椴属植物中较常见，称之为1/2叶序。

二、每层3片叶片，每一叶片在一个相对稳定的高度，一片在下面，一片中间，一片居上，在水平上两叶相距1/3圆周，相邻的上面一层也是如此，第二层下面的一片叶正好在第一层下面一片叶上，同样，中间和上面一片叶也正好在第一层中间和上面一片叶之上。其他层也是这样排列的。这样，叶在茎上呈3条线排列，每2条线之间为1/3圆周，这种排列方式在桤木、欧洲榛子或山毛榉类植物中较常见，称作1/3叶序。

三、每2周5片叶子构成一层，按生长发育时间先后，依次编为第一、二、三、四、五枚叶片，最低的是最老的，最高的是最嫩的，这5片叶在水平方向上相互之间的距离为2/5个圆，连续5片叶形成的螺旋绕茎2周，即“基础螺旋”，如一段具叶茎的叶是按这种方式排列为二至数层，那么相同编号的叶沿一条直线排列，所有层的第一片(最低的)叶相互成一列，第二、三等也相同。这样，叶在茎上排列成5条线，两相邻线之间为1/5圆。这种排列方式在橡树和许多鼠李属植物中较常见，被称为2/5叶序。

四、每3周8片叶子构成一层，相邻叶水平距离为3/8圆，每层8片连续叶绕茎3周。如此一段含几层叶的枝，叶在茎上呈8条线排列，两相邻线之间为1/8圆。这种叶序在玫瑰、树莓、梨和小蘖属植物中较常见，为3/8叶序。

上面这些是最常见的植物数列情

夹竹桃轮生叶之二

榆树互生叶

女贞对生叶

况。我们在扁桃和绣线菊的枝上可以看到，每层含 13 片叶，一个“基础螺旋”，绕茎 5 周，叶在植株上排列成 13 列，两相邻叶水平间距为 5/13 圆周，即 138°。

偶尔可以见到每层有 21 片叶，绕茎 8 周；每层有 34 片叶，绕茎 13 周的情况，其两相邻叶的水平间距分别是 8/21 和 13/34 圆周，同号叶相叠有 21 条和 34 条直线。

现在，我们将上面这些数字列在一起，便可发现这样一个数字序列：1/2、1/3、2/5、3/8、5/13、8/21，以及 13/34…… 当然，在极少数的情况下还可以观察到这样的序列：1/4、1/5、2/9、3/14、5/23…… 或 1/3、1/4、2/7、3/11、5/18……令人吃惊的是，这些序列中每个分数的分子、分母分别是其前面两个分数分子之和与分母之和。这些数字序列可以通过下面的数字模式反映出来：

$$\cfrac{1}{X+\cfrac{1}{1+\cfrac{1}{1\cdots\cdots}}}$$

在此，X 为一正整数。如果 X＝1，则这个分数序列便可记作：1/2、2/3、3/5、5/8、8/13、13/21……；如果 X＝2，这个序列便是 1/2、1/3、2/5、3/8、5/13，以及8/21……；如果 X＝3，这个序列便是 1/3、1/4、2/7、3/11、5/18、8/29……。叶序中最常见的是 X＝2，即 1/2、1/3、2/5、3/8、5/13，以及 8/21……这种叶序排列。

植物界包含许许多多类似的数学问题，我们可以通过对叶序几何排列的观察获得一定的启示。这种自然的几何排列是如此地引人注目，说明在植物界的其他方面，也存在着不少类似的趣味问题，等待着我们更深入的发现、探讨。

（冯志坚）

植物形态与数学

我们已经知道，植物的叶片在枝条上的排列，最常见的排列序数是：1/2、1/3、2/5、3/8、5/13、8/21……

其实，早在1202年，27岁的菲博纳斯在他介绍阿拉伯数字进入欧洲的一本具有划时代意义的《算术》中，有一小部分内容已经提到一些有关生物数字的奥妙。从那时起，生物与数学之间的关系就吸引了许多研究生命现象的数学家或科学工作者。菲博纳斯写道：有人曾将一对兔子放在一限定区域内圈养，发现一年后有许多对兔子生下来。假如每对兔子每月新生一对小兔，小兔子出生两个月后又可繁殖。菲博纳斯在月底记录兔子时，得出了这样一个有趣的数字序列：2、3、5、8、13、21、34、55、89、144、233、377、610等等。其中后面每个数字是前面两个数字之和。有趣的是，这类数字贯穿于整个生物界中。

大家可能都知道，松树的针叶有2针一束，3针一束，5针一束，没有见到4针一束或6针一束的松叶。

许多菊科植物，它们的果实呈螺旋状排列，通常每个螺旋曲线有34或55粒瘦果。小的菊科植物，每个螺旋有21或34粒瘦果，大的如前苏联报道的每个螺旋线有89或144粒瘦果。

向日葵的种子在花盘上是沿着特有的对数螺旋曲线排列的。在极坐标中，对数螺旋曲线可用 $P = a\varphi$ 类型的方程表示，式中的 a 为任意正数。有趣的是，当 $a < 1$ 时，螺旋线将绕中心反时针方向旋转，当 $a > 1$ 时，螺旋线则为顺时针方向旋转。据测定，在花盘上种子按这种方式排列，密度大，数量多，因而结实率高，以利其繁衍后代。

古希腊数学家们很早就注意到类似现象，即植物某一部位的形态与某些曲线的形状相似，对于这些曲线与植物之间相似性的确认，却是17世纪法国著名数学家笛卡儿在《几何学》(1637年)一书中创立了坐标法之后，使得研究某些曲线的兴趣又活跃起来。

笛卡儿发现植物花瓣的形状是一种较规则的曲线状态，大家知道，茉莉花以其浓郁的芳香而成为重要的观赏和茶用花卉。笛卡儿用坐标法研究了茉莉花的形状，得到方程式 $X^3 + Y^3 = 3aXY$。在极坐标中，这个方程是一个封闭的曲线，能准确表示茉莉花花瓣的外形。在当时的文献中，"茉莉花花瓣"的名字经常为其他数学家所引用，而在现代数学中则被称为“笛卡儿曲线”。

在研究花的曲线时，意大利几何学家格兰迪运用方程研究了蔷薇科和菊科植物的花。他认为，在极坐标中，这些花均可用方程 $P = a\sin k\varphi$ 来表示。式中，a 决定花瓣的大小，k 决定花瓣的数目。如果给出不同的 k 值，我们就可以得到一定花瓣数目的花，如果 k 的值不同时，花瓣的数目不同。格兰迪的这项出色工作，使他在当时的数学界获得了“蔷薇花”的雅号。

到了19世纪，德国数学家勒·哈柏尼赫在其《叶形分析》(1896年)一书中，得到了能够表示三叶酸、酸模、常春藤、槭树和柳树等植物叶片的方程。特别是对白花酢浆草，哈柏尼赫用方程 $P = 4(1 + \cos 3\varphi + \sin^2 3\varphi)$ 表示出来。在极坐标中，根据此方程画出了酢浆草叶片的形状。

另一位数学家缪格尔完成了表示水生观赏植物睡莲的数学方程，即：

$$(x^2 + y^2) - 2ax^3(x^2 + y^2) + (d^2 - r^2)x = 0$$

在极坐标中，这个方程是个椭圆，被称为“缪格尔椭圆”。其画法是：在坐标横轴(x)上取圆心并作圆，使坐标原点 O 在圆外。然后使圆上的每一点 P 均按下列方式变换为点 P_1：点 P 与坐标原点 O 连线(为 OP)，并从点 P 向 x 轴作射线 OP 的垂线(交于点 P_1)。你试着按此法画一幅缪格尔椭圆，会惊叹它是多么酷似睡莲的叶片啊！

揭示植物与数学间的这些关系，不仅提高了我们对植物和数学的兴趣，而且在现代技术的发展中也起到了不少作用。据说在很久以前，就有一个工匠受王莲叶“骨架”结构的启示，设计出一座结构轻巧、宽敞明亮、跨度大，但支柱少的宫殿。现在，上海体育馆、巴黎工业展览馆也是受植物弧形叶脉启发设计而成的。禾本科植物的叶片失水会卷成筒形，于是人们受其启发设计出简易牢固的筒形叶桥。

随着人类对植物各种数理奥秘探究的深入，新的问题将不断被发现，并引发人们许多的思考。

(冯志坚)

未来最安全果品——有机果品

从前，在美国中部有一个城镇，这里的一切生物看来与其周围环境生活得很和谐。这个城镇坐落在农场中央，周围是庄稼地，小山下果园成林。春天，繁花点缀在绿色的原野上；秋天，果实、橡树和枫树闪烁出彩色的光辉。狐狸在小山上叫着，小鹿静悄悄地穿过笼罩着晨雾的原野，林间荡漾着鹈鸟、斑鸠、鹪鹩的合唱以及其他鸟鸣的音浪。直到有一天，大批居民涌到这里建房舍、挖井筑仓，情况开始发生了变化。从那时起一个奇怪的阴影遮盖了这个地区：成群的小鸡和牛羊莫名其妙地死亡，人群中出现一些奇怪的不可解释的疾病，田野里见不到小鸟的踪影，曾经一度多么引人注目的小路两旁，现在排列着仿佛火灾浩劫的焦黄枯萎的植物，一切声音都没有了，只有一片寂静覆盖着田野、树林和沼地。

以上是莱切尔·卡逊在《寂静的春天》里的描述，那个狰狞、使得许多城镇的春天沉寂下来的东西是什么呢？不是魔鬼，也不是敌人的活动使然，而是以杀虫剂为主的化学农药。因为化学农药的大量不合理使用不仅杀死了害虫也杀死了其他生物，以至于影响到人类自身的健康。如果说莱切尔·卡逊在《寂静的春天》里描述了一个“明天的寓言”，那么今天人们正遭受着自己创造的魔鬼的折磨。在人类进入21世纪之初，食品安全问题就被强烈地提了出来，为了向污染食品宣战，人们在追寻生态食品和建立可持续发展农业的过程中逐步形成了生态农业、生物农业、有机农业等农业发展新观念、新模式，其中有机果品所依赖的有机农业是其中重要的一类。

有机农业的概念起始于20世纪20～30年代，最先由德国人和瑞士人提出，当初提出这一概念仅仅是从健康的角度，强调在相对封闭的系统内循环使用养分来培育土壤肥力和生命活力，使作物健康生长，以生产出健康的食品。随着历史的发展，新的知识、新的技术层出不穷，工业化程度不断提高，大量出现的农用化学品带来了环境问题和环境污染，使这一概念不断发展，除了健康以外有了可持续发展的新内涵，强调要采用保持土壤永久肥力的技术，尽可能使用可再生资源，不污染环境，促进土壤和整个食物链的生命活力，要求人与自然和谐相处，农业生产要遵循自然规律。基于以上理念，有机农业要求在植物和动物的生产过程中不使用化学合成的农药、化肥、生长调节剂、食物添加剂等物质，不使用离子辐射技术，也不使用基因工程技术及其产物，而是采取一系列可持续发展的农业生产技术，协调种植业和养殖业的平衡，这些技术包括选用抗性作物品种，建立包括豆科植物在内的作物轮作体系、秸秆还田、施用绿肥和动物粪便等措施培肥土壤保持养分循环，采取生物的或物理的措施防治病虫草害，采用合理的耕作措施保护环境，防止水土流失，保持生产体系及周围环境的生物多样性等。实现环境、经济、社会三效益相统一是有机农业的发展目标。

随着经济社会的发展和人们生活水平的提高，果品占人们的日常食品消费的比例将越来越大，水果已经成为许多家庭餐桌上不可缺少的一部分，所以说果品安全与人们的生活休戚相关。目前我国推广的安全果品有三种：无公害食品、绿色食品和有机食品。前两种是为了适应我国消费者对安全食品的基本需求而发展起来的，是我国特有的。而有机食品则由发达国家首先兴起，近年来开始在我国迅速发展。从质和量来讲，如果把安全食品看作一个金字塔，那么有机食品就是金字塔的塔尖，无公害食品是金字塔的塔基，绿色食品介于两者之间。所以说，到目前为止，有机果品是要求最为严格的安全健康果品。

有机果品除了在生产过程中有严格的控制体系外，对产地环境条件也有严格的要求。有机果品的生产基地必须选择远离城镇、交通干线、化工厂、垃圾处理厂等有污染源的地区，生产基地的空气质量和灌溉用水必须达到国家规定的有关标准。作为一种农业生产模式，有机果品生产并非强调首先要有一个非常清洁的生态环境，原则上所有能进行常规果品生产的地方都能进行有机果品生产。有机农业强调转换期，通过转换恢复农业生态系统的活力，作为多年生植物，有机果品生产一般需要3年左右的转换期。

中国有几千年的农业发展史，传统农业中的精华是中国农业文明的结晶，精耕细作、巧施农家肥、遵循二十四节气、重品种重水利重土壤、保墒护墒、土法治虫等等，其中已经有相当部分是朴素的有机农业思想，所以说中国有发展有机果品生产的传统文化基础。我国有机农业发展和有机果品开发，真正意义上起步于20世纪90年代初，是在80～90年代生态农业示范基础上向更高层次的发展。虽然不足10年时间，但发展还是比较快的，有机果品生产基地已达数十万亩之多，年产量近20万吨。目前，我国通过认证的有机果品种类有猕猴桃、苹果、梨、桃、柑橘、葡萄、草莓、菠萝及其他干果等。预计今后10年，我国有机果品占国内果品消费市场的比例有望达到1.0%～1.5%，甚至更高。相信在不久的将来，有机果品能够成为普通家庭的消费选择。

（杨储丰）

什么是植物全息现象

“全息”,是1948年物理学家弋柏和罗杰斯发明了光学全息术后提出的一个概念。1973年,我国26岁的医药工作者张颖清,根据自己的针灸实践,发现了人第二掌骨侧穴位群的全息规律。继而他刻苦钻研,不断扩大试验,发表了有关“全息生物学”的论文和专著。他在全息生物学的论著中提出了不少植物的全息现象。

在物理学上,全息的概念是明白易懂的。例如,将一根磁棒折成几段,每个棒段的南北极特性依然不变,每个小段与它原来的整根棒全息。但是,“生物全息”的概念,可能还未被人们熟知。所谓“生物全息”,就是生物体每个相对独立的部分,在化学组成模式上与整体相同,是整体的成比例的缩小。

植物的全息现象,在大自然中,已从形态、生物化学和遗传学等方面找到了论证的实例,本文作者也曾于1985～1986年发表论文,曾以组织培养方法加以论证过。你注意过马路边的棕榈树吗?它的一张叶子,由蒲扇似的叶片和长长的叶柄组成,仔细观察一下叶子的整个外形,当把它竖在地上与全株外形相比时,就会发现,它们的外形是多么的一致,只是比例的大小不同而已。一个梨子,它的外形与它的整棵树形吻合。叶脉分布形式与植株分枝形式也全息相关,如芦苇、小麦等具平行叶脉的植物,它们都是从茎的基部或下部分枝,主茎基本无分枝;相反,叶脉为网状的植物,则它们的分枝多呈网状。在植物的生化组成上,也有明显的全息现象。例如,一片高粱叶上的氰酸分布形式与整个植株的分布形式相同。在整个植株上,上部的叶含氰酸较多,下部的叶含氰酸较少;在一张叶上,也是上部含量较多,下部含量较少。

更有趣的是,当进行植物离体培养时,也发现了植物的全息现象。若将百合的鳞片经消毒用来离体培养,发现在鳞片的基部较易诱导产生小鳞茎,即使把鳞片从上到下切成数段,同样发现小鳞茎的发生都是在每个离植段基部首先产生,且每段鳞片上诱导产生小鳞茎的数量,遵循由下至上递增的规律。这种诱导产生小鳞茎的特性与整株生芽特性相一致,呈全息对应的关系。在植物组织培养过程中,以大蒜的蒜瓣、甜叶菊、花叶芋和彩叶草等多种植物叶片为外植体,进行同样的试验观察时,都能见到这种全息现象。

植物全息的规律应用于农作物的生产实践,已产生了惊人效果,例如,马铃薯的栽种,习惯以块茎上的芽眼挖下作“种子”。但有史以来,人们并没有考虑到块茎上芽眼之间的遗传势差异。根据植物全息的原理,想来这些芽眼之间必定会有特性的区别。马铃薯在全株的下部结块茎,对于全息对应的块茎来说,它的下部(远基端)芽眼结块茎的特性也一定较强。于是,为了证实上述的想法,科学家做了系统的试验。分别以“蛇皮粉”、“同薯 8 号”、“跃进”、“68 红”和“621X 岷 15”等 5 个马铃薯品种的块茎为材料,将它们的芽眼切块分成远基端芽眼和近基端芽眼两组,进行种植比较试验。实验结果,以 5 个品种远基端芽眼切块制种生产时,各个品种都增产,平均增产达 19.2%。

上述在农业上的全息应用实例给人以启示。人们自然会问,小麦、水稻……它们的留种应该采用什么部位制种呢?这些有趣而具生产实践意义的全息课题,目前不少人正在试验观察中。不过,人们在长期的生产实践中,个别的生产措施,也是符合生物全息律的,只不过未意识到这点罢了。例如,我国不少地区种植玉米的农民,他们在留种时,习惯把玉米棒中间(或偏下)的籽粒留下作种,而把两端的籽粒去除,确保玉米的年年丰收。这种玉米籽粒的留种方法是符合生物全息规律的。因为玉米棒子是在植株的中间或偏下部分着生的,而作为植株对应全息的玉米棒,其中间(或偏下)着生的籽粒,在遗传优势上也一定较强,经试验,以这种方法制种,的确可以增产 35.47%。

全息生物学观点的提出,虽然只有短短的几年,但已引起不少人的强烈兴趣,国内已先后 4 次召开全国性的学术会议,交流了各方面的研究信息,其中,植物全息方面的论文也有一定的数量。在国外,日本、巴西等国的有关学者对“全息生物学”的提出,给予了极高评价。目前,植物全息现象的观察研究方兴未艾,无数未解之谜还有待人们去揭开。

(倪德祥)

世界上有吃人的植物吗

近些年来，许多报刊不断刊登有关吃人植物的报道，有的说它在南美洲亚马逊河流域的原始森林中，也有的说在印度尼西亚的爪哇岛上时有发现，纷纷扬扬，众说不一。在这些报道中，对各种不同的吃人植物的形态、习性和地点方面作了详细描述，结果使许多人相信，世界上的确存在这样一类可怕的植物。但十分遗憾的是，在所有发表的有关吃人植物的报道中，谁也没有拿出关于吃人植物的直接证据——照片或标本，也没有确切地指出它是哪一个科，或哪一个属的植物。为此，许多植物学家对吃人植物是否存在的问题产生了怀疑，它成了植物学领域中一个令人感兴趣的谜。

追踪有关吃人植物的最早消息来源，是来自于19世纪后半叶的一些探险家们，其中有一位名叫卡尔·李奇的德国人在探险归来后说："我在非洲的马达加斯加岛上，亲眼见到过一种能够吃人的树木，当地居民把它奉为神树，曾经有一位土著妇女因为违反了部族的戒律，被驱赶着爬上神树，结果树上8片带有硬刺的叶子把她紧紧包裹起来，几天后，树叶重新打开时只剩下一堆白骨。"于是，世界上存在吃人植物的骇人传闻便四下传开了。此后，又有人报道在亚洲和南美洲的原始森林中发现了类似的吃人植物。

这些传闻性的报道使植物学家们感到困惑不已。为此，在1971年有一批南美洲科学家组织了一支探险队，专程赴马达加斯加岛考察。他们在传闻有吃人树的地区进行了广泛搜索，结果并没有发现这种可怕的植物，倒是在那儿见到了许多能吃昆虫的猪笼草和一些蜇毛能刺痛人的荨麻类植物。这次考察的结果使学者们更增添了对吃人植物存在的真实性的怀疑。

1979年，英国一位毕生研究食肉植物的权威艾得里安·斯莱克在他刚刚出版的专著《食肉植物》中说："到目前为止，在学术界尚未发现有关吃人植物的正式记载和报道，就连著名的植物学家巨著、德国人恩格勒主编的《植物自然分科志》，以及世界性的《有花植物与蕨类植物词典》中，也没有任何关于吃人树的描写。除此以外，英国著名生物学家华莱士，在他走遍南洋群岛后所撰写的名著《马来群岛游记》中，记述了许多罕见的南洋热带植物，但也未曾提到过有吃人植物。绝大多数植物学家倾向于认为,世界上也许不存在这样一类能够吃人的植物。”

既然植物学家没有肯定,那怎么会出现吃人植物的说法呢?艾得里安·斯莱克和其他一些学者认为,最大的可能是根据食肉植物捕捉昆虫的特性,经过想像和夸张而产生的,当然也可能是根据某些未经核实的传说而误传的。根据现在的资料已经知道,地球上确确实实存在着一类行为独特的食肉植物(亦称食虫植物),它们分布在世界各国,共有500多种,其中最著名的有瓶子草、猪笼草、茅膏菜和捕捉水下昆虫的狸藻等。

艾得里安·斯莱克在他的专著《食肉植物》中指出,这些植物的叶子长得非常奇特,有的像瓶子,有的像小口袋或蚌壳,也有的叶子上长满腺毛,能分泌出各种酶来消化虫体,它们通常捕食蚊蝇类的小虫子,但有时也能“吃”掉像蜻蜓一样的大昆虫。这些食肉植物大多数生长在经常被雨水冲洗和缺少矿物质的地带。由于这些地区的土壤呈酸性,缺乏氮素养料,因此植物的根部吸收作用不大,以致逐渐退化。为了获得氮素营养,满足生存的需要,它们经历了漫长的演化过程,变成了一类能吃动物的植物。但是,艾得里安·斯莱克强调说,在迄今所知道的食肉植物中,还没有发现哪一种像某些文章中所描述的那样:“这种奇怪的树,生有许多长长的枝条,有的拖到地上,就像断落的电线,行人如果不注意碰到它的枝条,枝条就会紧紧地缠来,使人难以脱身,最后枝条上分泌出一种极黏的消化液,牢牢把人黏住勒死,直到将人体中的营养吸收完为止,枝条才重新展开。”

关于吃人植物是否存在的谜团,现在还不能下最终的结论。有些学者们认为,在目前已发现的食肉植物中,捕食的对象仅仅是小小的昆虫而已,它们分泌出的消化液,对小虫子来说恐怕是汪洋大海,但对于人或较大的动物来说,简直微不足道,因此,很难使人相信地球上存在吃人植物的说法。但也有一些学者认为,虽然眼下还没有足够证据说明吃人植物的存在,可是不应该武断地加以彻底否定,因为科学家(不包括当地的土著居民)的足迹还没有踏遍全世界的每一个角落,也许,正是在那些沉寂的原始森林中,将会有某些意想不到的发现。

(裘树平)

植物器官在无光下能转绿吗

众所周知，植物之所以有绿色的叶或其他的绿色器官，主要原因就是含有大量的叶绿素。自从 1817 年法国化学家佩勒特和卡文通从叶片中分离出一种绿色的物质——叶绿素以后，科学家们开始对这种奇妙的物质进行了深入广泛的研究。

许多年的研究使人们认识到，叶绿素是存在于植物细胞叶绿体中的一类极重要的绿色色素，是植物进行光合作用时吸收和传递光能的主要物质。它的分子结构十分复杂，由四个吡咯环组成的卟啉环、一个镁原子、环戊酮和叶醇等构成。主要吸收红光和蓝光，能进行一些光化学反应，还有许多其他功能。尽管人们对叶绿素在进行光合作用的过程中，还有许多不清楚的地方，但是，大部分学者都相信，叶绿素和光有不可分割的密切联系。比如生长在阳光下的植物与生长在黑暗中的植物完全不同，阳光下的植物叶子浓绿，而黑暗中的植物叶色发黄，追究其原因就是因为没有光线。几乎所有的植物生理学家都认为，叶绿素的形成必须要有光线照射，而光照则是影响叶绿素形成的主要条件之一。由于在合成叶绿素的过程中，植物通常以甘氨酸和琥珀酸为原料，在许多酶的参与下，经过一系列的转变，成为一种叫原叶绿素酯的化合物。这种化合物经过光照后才能顺利合成叶绿素，当缺乏光时它就停留在这一步上，因此，在黑暗中植物是无法合成叶绿素的。

对以上的观点几乎已无人产生怀疑，但在 1985 年，中国科学院植物研究所学者左宝玉和他的同事，却发现了一个十分有趣的现象。他们在睡莲科一种叫莲的植物种子中，即我们平时常见的莲子，看见里面那个深绿色的莲心(胚)被紧紧包埋在封闭的莲子胚乳中。他们惊讶地感到，莲心自幼生长在从不见天日的胚乳中，为什么还会变得那样绿呢？即使在胚乳的下端有一小孔，通常也是实心的，而且比外壳的其他部分更厚更坚硬。

如果按照绿色器官必须在光下才能转绿的理论解释，里面生着的莲心至多也只能是淡黄色，然而它却显得十分特殊，颜色不仅深绿，而且绿中发蓝。

这一非同寻常的现象引起了这几位中国学者的极大兴趣：究竟是胚乳、薄膜及其外壳能透过某一波段的光而使莲心发绿呢？还是包裹着它的胚乳中存在着有代替可见光的发光物质呢？在莲心内是否发育着与正常叶绿体相同的结构呢？一系列很有意义的问题，使他们开始对莲心光合膜结构和功能的系统进行研究。通过冰冻撕裂、超薄切片电镜术的研究实验，他们在超微结构水平上发现了成长于黑暗胚内的质体中，不仅发育有巨型基粒，而且在超分子水平上发现该基粒类囊体膜上，存在着许多含有捕获太阳能的叶绿素 a/b 色素蛋白复合物的冰冻撕裂颗粒。除此以外，这些捕光叶绿素 a/b 色素蛋白复合物的含量通过凝胶电泳的测定后，在分子水平上得到进一步的验证。同时，经叶绿体含量测定，其叶绿素 a/b 比值很低，反映在光合功能上也有相应的变化。

综上所述，莲心中奇特光合膜结构和功能的发现，对质体只有在可见光下才有基粒形成的经典论述，提出了有力挑战，它提供了自然界中的某些植物，在无光条件下产生叶绿素的证据。这一研究使许多学者把注意力集中到近代科学领域中的一个重大课题——生物物质中是否存在着代替可见光的生物物质？尽管这在今天依然是一个尚未解开的谜，但是一旦该理论被证实，光合作用的机制及其应用将会出现划时代的转折。

（裘树平）

太空植物

太空中究竟能不能生长植物呢？这是一个激动人心的问题。为了要让月球成为人类的花园和粮仓，让凄凉的星球变得生机勃勃，让美丽的幻想变为未来的现实，全世界许许多多的科学家，开始了将植物送入太空的创新研究。

20世纪60年代，第一艘载人宇宙飞船冲破大气层，克服了地心引力，成功地进入太空遨游，此后，各种各样的“空间站”开始在星际轨道上运行。空间站实际上就是太空实验室，能在太空中停留相当长的时间。所有这些成就，为植物进入太空奠定了基础，科学家们开始在空间站里培育、种植植物。

从理论上说，在太空失重的环境下，能减少对植物生长的抑制，再加上一天24小时都有充足的阳光，植物生长的条件比在地球上优越得多。科学家们期望，空间站能结出红枣一样大小的麦粒，西瓜般大的茄子和辣椒。

但最初的实验结果实在糟透了。那是1975年，在前苏联“礼炮4号”宇宙飞船上，宇航员播下小麦种子后，一开始情况良好，小麦出芽比在地球上快得多，仅仅15天，就长到30厘米长，虽然是没有方向的散乱生长，但终究是一个可喜现象。可在这以后，情况越来越不妙，小麦不仅没有抽穗结实，反而枝叶渐渐枯黄，显示出快要死亡的症状。

是什么原因导致植物不能在太空正常生长？科学家们开始寻找失败的根源。我们都知道，任何物体进入太空都会遇到失重，失重会给人和植物带来许多意想不到的麻烦，植物在失重情况下，通常只能活几个星期。

为什么植物对“重力”这么依恋呢？原来，长期生活在地球上的植物，形成一种独特的生理功能，因为有重力的作用，植物体内的生长激素总是汇集在茎的弯曲部位，而这种生长激素，恰恰是控制植物生长的重要物质，只有当它聚集在适当位置时，才能有效地控制植物向空间的生长方向。一旦处于失重状态，情况就不同了，植物的生长激素无法汇集到茎的弯曲部，使幼茎找不到正确的生长方向。幼茎只能杂乱无章地向四下伸展，这样要不了多久，植物就会自行死亡。

找到了失败的原因，下一步是寻求解决方法，于是，科学家们又马不停蹄地开始了一场新的试验。

解决失重问题，最直接的方法当然是建立人工重力场，但要在小小的空间站里用这个方法，实在很难行得通。正在这令人困惑的时候，有位名叫塞姆·拉西克夫的美国生理学家，提出了一个富有创造性的建议。

他认为，"电对整个生物界起着巨大作用，在地球的表面，每时每刻都通过植物的茎和叶，向大气发射一定量的电子流。这对植物营养成分和水的供应产生很大影响。另外，地球上的土壤和植物之间，存在明显的电位差，这种电位差有利于植物从土壤中吸收营养。如果在失重条件下，植物与土壤之间没有了电位差，也不再向空中发射电子流，也许，这就是导致太空栽培植物失败的原因"。

这个建议很符合科学逻辑性，科学家们决定采用电刺激方法，来解决失重给植物生长带来的问题。

他们设计了一种回转器，将葱头栽种在回转器上，每两秒钟改变一次方向，也就是在两秒钟内，植物从正常状态(绿叶朝上)到反方向(绿叶朝下)。

这就相当于在失重状态下，植物没有了"天"和"地"之分。回转器上种着两个葱头，一个被通上电源，受到一定的电压，另一个则不通电源。结果，那个没接通电源的葱头，到了第 4 天，便出现绿叶开始向四处分散、杂乱无章地伸展的现象，又过了 2 天，叶子出现枯黄萎缩，趋于死亡。而另一个受电刺激的葱头，恰恰与它的伙伴相反，就像长在菜畦里一样绿油油的，挺拔而又粗壮。

后来，科学家又将这两个葱头互相调换，不到一星期，奇迹发生了。那只快要死去的葱头受到电刺激后，脱去了枯萎的叶片，重新长出新鲜绿叶，而原先充满生机的葱头，因为失去了电刺激，很快停止了生长，叶梢变得枯黄卷曲。

（裘树平）

植物体内的动物现象

“丁零零！”日本某警察局的电话铃急促地鸣响起来，报告一位妇女在家中被人谋杀。10分钟后，法医山本茂随警察赶到现场，对死者的血型进行化验。这时，他脑海中突然闪现出一个有趣的念头，想顺便化验一下死者枕头内的荞麦皮，结果他惊奇地发现，荞麦也有与人类相似的血型——AB型，这是多么不可思议的新鲜事啊！

谁都知道，植物和动物是两大类截然不同的生物，但随着对植物科学的深入研究，人们不仅了解到植物有血型，后来又发现在植物体内，还存在着许多其他有趣的动物现象。

人类有不同的血型，A型、B型、O型和AB型以及其他血型。许多动物也有类似的血型。但最使人感到奇怪的是，某些植物也有血型。

最早发现植物血型的人就是我们开头介绍的日本法医山本茂。他曾收集了600多种植物的种子和果实，专门进行ABO系血型的广泛调查，然后将这些植物按照不同的血型分别归类。比如，葡萄、山茶、山槭、芜菁等植物属O型植物；桃叶珊瑚等植物归属于A型植物；扶芳藤、大黄杨等植物被归到B型植物。此外，他还把荞麦、李树、珊瑚树、地锦槭等植物归属到AB型植物。

丛枝扶芳藤

当然，植物体内的汁液与人体中的血液有所不同，这儿指的植物血型物质，实际上主要是汁液中糖蛋白一类的成分，它们与人体内的血型物质相似。如今，这种新型的研究方法，为一门新的植物分类方法——植物血清分类法，奠定了重要基础。

最近，一些植物学家在研究树木增粗速度时惊异地发现，活的植物树干，有类似人类脉搏一张一缩跳动的现象，而且这种植物“脉搏”还有明显的规律性呢。也许有人会问，植物“脉搏”究竟是怎么回事？说来也并不神秘，它属于植物正常的生理现象，只不过以前一直没有被人注意罢了。

每逢晴天丽日，太阳刚从东方升起，植

物的树干就开始收缩，一直延续到夕阳西斜。到了夜间，树干停止收缩，开始膨胀，直到第二天早晨。植物这种日细夜粗的搏动，日复一日，周而复始，但每一次搏动，膨胀总略大于收缩，树干就这样逐渐增粗长大。

遇到下雨天，树干“脉搏”的收缩几乎完全停止，这时它总是不分昼夜地持续增粗，直到雨后转晴，树干才重新又开始收缩，这可以算得上植物“脉搏”的一个“病态”特征。

如此奇怪的“脉搏”现象，原来是由植物体内水分运动引起的。当植物根部吸收的水分与叶面蒸腾的水分一样多时，树干几乎不发生粗细的变化；如果吸收的水分超过蒸腾的水分，树干就要增粗；相反，在缺水时，树干又会收缩。

知道了这个道理，植物“脉搏”的现象就很容易解释了。在夜晚，植物气孔总是关闭着，这就使水分蒸腾大大减少，树干就要增粗。在白天，植物大多数气孔都开放，水分蒸腾增加，树干就趋于收缩。植物的“脉搏”现象主要出现在相当多的木本植物中，尤其是一些速生的阔叶树。

如果有人说，植物也像动物那样有记忆能力，恐怕你听了不会相信，但这种说法有一定的科学根据。不久前，科学家们在一种名叫三叶鬼针草的植物身上进行了一项有趣的实验。结果证明，有些植物不仅具有接收信息的能力，而且还有一定的记忆能力。

洒金珊瑚

这项实验是法国克累蒙大学的学者设计的，他们选择了几株刚刚发芽的三叶鬼针草，整个幼小的植株，总共只有两片形状很相似的子叶。

一开始，研究者用 4 根细细的长针，对右边一片子叶进行穿刺，使植物的对称性受到破坏。过了 5 分钟后，他们用锋利的手术刀，把两片子叶全部切除，然后再把失去子叶的植株放到条件很好的环境中，让它们继续生长。想不到 5 天后，有趣的情况发生了。那些针刺过的植株，从左边（没受针刺）萌发的芽生长很旺盛，而右边（受到过针刺）的芽生长明显较慢。这个结果表明，植物依然“记得”以前那次破坏对称性的针刺。以后科学家又经过多次实验，进一步发现，植物的记忆力大约能保留 13 天。

山茶

植物怎么会有记忆的呢？科学家们解释说，植物这种记忆当然不同于动物，它们没有与动物完全一样的神经系统，可能是依赖于离子渗透补充而实现的。应当说，关于植物记忆的问题，在目前还是一个没有被彻底解开的谜。

植物并不总是默默无声的，它们经常用声音来“抒发”自己的“情怀”。

最近，美国一家磁带公司推出一种新奇的产品——“植物之声”磁带，磁带中所收集的都是各种植物的“歌声”。要录下植物的声音可不简单，科学家把一种极敏感的电压装置巧妙地接在植物叶片上，捕捉植物体内微弱的电压变化，然后再将这些电压变化经过转换，变成人们能听见的声音。

各种植物发出的声音，音域很广，有高音，有低音，也有中音。在不同的环境中，同一植物也会发出不同的声音，有的好像笛子演奏，有的好像病人在叹息。植物“歌唱家”中，“嗓门”最大的要数西红柿。

在聆听植物发声时，科学家还发现了一个十分有趣的现象。有些植物原来的叫声很难听，可当它们得到适宜的阳光照射或处于湿润的条件下时，声音就会变得动听起来。有些植物的声音还会随着环境光线明暗而变化。也许有一天，我们还能根据植物的声音来诊断植物的健康，监测环境污染，甚至实现人和植物的对话。

（裘树平）

植物的发光现象

在动物界中，有一种会发光的神奇小昆虫，名叫萤火虫，当它们在夜空中飞行时，犹如无数盏时明时暗的小灯，在夜空中流动。有趣的是，植物界中也有不少成员具备发光的本领，它们中既有肉眼看不见的藻类植物，也有高大的乔木。

非洲的新几内亚岛，是16世纪被人发现的，岛上除了莽莽苍苍的原始丛林外，只有少数黑皮肤的土著人。

大约300年后，荷兰远征军入侵该岛，在那儿建立了一块殖民地。由于当地的土著人勇敢好斗，经常躲在暗处用毒箭袭击入侵者，荷兰人感到处境困难，为了保证安全，他们在沿海附近建立了一座城堡，取名为巴博城。

建城两个月后的一个夜晚，天气特别可怕，从下午开始，天空中就乌云密布，到了晚上，更是漆黑一片，伸手不见五指。海滩上的荷兰卫兵，在狂风呼啸、海涛怒吼的环境中，战战兢兢地持枪执勤，全神贯注地望着远方。突然，他的目光被海岸上出现的微弱光点所吸引，那光点渐渐向他逼近，形成了一长串。过了片刻，卫兵前去查看，四周空无一人，沙地上却留下一串串发光的亮脚印。

这个恐怖现象使巴博城的居民人心惶惶，大家一致认为，只有魔鬼才能留下这样可怕的亮脚印。正当人们为此议论纷纷时，另一位荷兰士兵通过自己的亲身经历，解开了魔鬼脚印之谜。

同样是一个风雨交加的夜晚，那个荷兰士兵去海边查看船只是否拴牢，这时，城堡上的人惊奇地看见，在他的身后也留下了一串亮脚印。于是大家都怀疑他与鬼魂有来往，甚至嚷着要杀死他。可出人意料的是，立即奉命去跟踪他的其他士兵，在潮湿的海边沙滩上也都留下闪闪发光的脚印。这一下大家才知道，凡是在这样的风雨之夜，无论是谁在海滩上行走，均会留下发光的脚印，而魔鬼是不存在的。

大家一定会感到奇怪，脚印怎么会闪亮发光呢？

原来，在大海之中生存着1 000多种极微小的植物和动物，它们有与众不同的特性，就是身体能放出荧荧的亮光，科学家给它们起名为发光生物，它们的细胞内常含有荧光酶或荧光素，当遇到触动刺激或氧气十分充足时，便产生光亮。

大多数发光生物都需要生活在有水的环境中，大海对它们来说真是最理想的生活天地。海洋中最常见、数量最多的是一种藻类植物——甲藻，它们小得肉眼看不见，有时在大海中出现神奇的绚丽光焰，就是它们的杰作。当大量的甲藻被海浪抛上岸后，并没有马上死去，而是静静地躺在潮湿的沙滩上"休息"，这时如果有人沿岸而行，它们受到人脚触动刺激后会重新发光，于是，便在人的身后留下一串"魔鬼亮脚印"。

海洋中有会发光的植物，陆地上也不例外。

在山区的夜晚，偶尔能见到远处的朽木在闪闪发光。这是怎么回事？原来，在枯树烂木中，常常腐生着一些腐败细菌，它们的菌丝遇到空气中的氧，会产生一系列化学反应，并发出光亮。

除了朽木，生长旺盛的树也会发光。日本有一种小乔木，树皮上寄生着会发光的大型菌类植物，每逢夏季来临，它们便在树上闪闪发光，夜晚时远远望去，好像无数星星点点的荧光。在非洲北部有一种树，不管白天黑夜都会发光，开始，人们不知道它的底细，恐惧地称它为"恶魔树"，后来才发现，这种树的根部贮存着大量磷质，同氧气一接触，就整天发光了。

在我国也有不少会发光的树。1961 年，江西省井冈山地区发现了一种常绿阔叶的"夜光树"，当地居民叫它"灯笼树"。这种树的叶子里，含有很多磷质，能放出少量的磷化氢气体，一进入空气中，便产生自燃，发出淡蓝色的光。尤其在晴朗无风的夜晚，这些冷光聚拢起来，仿佛悬挂在山间的一盏盏灯笼。

江苏省丹徒县曾有棵奇怪的柳树，每逢漆黑的夜晚就会闪烁出淡蓝色的光芒，即使在狂风暴雨之夜，也不熄灭。这个奇怪的现象，引出了许多迷信传说。后来经过科学家研究，发现柳树放光原来是真菌耍的把戏。这种真菌叫假蜜环菌，因为它能发光，又叫亮菌。不管是树木、蔬菜和水果，只要着生了亮菌，都变成发光植物了。

在发光植物中，最有趣、最美丽的要数"夜皇后"发光花了。这种植物生长在加勒比海的岛国古巴，每当黄昏降临时，它的花朵就开始绽放，并星星点点地闪烁明亮的异彩，仿佛无数萤火虫在花朵上翩翩飞舞，美丽极了。有意思的是，一旦沉沉的黑夜逝去，它的花朵好像完成了历史使命，很快就凋谢了。也许正因为这种特殊的习性，人们送给它一个美丽的名称——夜皇后。

夜皇后为什么会在夜间闪闪发光呢？原来，这种花的花瓣和花蕊里，聚集了大量的磷。磷与空气接触就会发光，遇上阵阵吹来的海风，磷光变得忽明忽暗，很像萤火虫在闪光。这时，夜晚出来活动的昆虫，见到光亮，向花儿飞去，帮助夜皇后传播花粉，繁衍后代。夜皇后的花朵放光，实际

垂柳

上也是它适应环境的一种特别手段。

植物发光的确是难得一见的新奇事，因此常常引起许多迷信说法，使人感到恐惧不安。其实，对它们真正了解后，非但不可怕，对我们人类反而大有用处呢。

这样的例子有很多，例如，故意在人体伤口上感染发光细菌，到了夜晚，伤口处会发出荧光，控制其他有毒细菌繁殖，促使伤口加快愈合。药物学家在试验麻醉剂等药物效用时，也常常用发光细菌发的光度作为指标。近年来，人们还用亮菌制成各种药品，用来治疗胆囊炎、急性传染性肝炎等疾病，十分有效。

（裘树平）

海上“渔火”

长期生活、工作在海里的船员、海军经常会在天气晴朗的夜晚看到海面上呈现一大片蓝绿色或者乳白色的闪光，人们把这种现象叫做“渔火”。这些“渔火”并不是海底火山之类的东西，而是海里藻类、细菌和某些海洋浮游生物大量聚在一起而形成的人们肉眼能看到的生物光。这种“渔火”是一种高效率冷光，它的光能转换率大于90%，而通常人们使用的白炽灯、日光灯的光能利用率相当低。这种生物光的波谱成分十分柔和，适合于人的眼睛，没有刺激作用，仿生工程师通过研究以及模拟生物光制造节能煤和节能电源。

耐寒植物的花朵为何发热

冰天雪地的北极地区，几乎终年严寒酷冷，即使在比较温暖的季节，气温也常常低于冰点。然而那儿的植物却能在冰雪中开花，更令人奇怪的是，它们的花朵之内要显得更温暖一些，好像装有恒温器的暖房那样，温度总比外界要高一些。这是一个令人着迷的问题，也是一个使科学家们百思不得其解的谜。

20世纪80年代初，瑞典伦德大学植物生态系的3位植物学家克捷尔伯雷、卡尔森和卡斯托森，发现北极大部分植物的花朵，几乎都有追逐太阳的习性，这会不会与花朵内温度提高的现象有关呢？于是他们用仙女木花做了一个有趣的实验。科学家先用细铁丝固定仙女木花的花萼，阻止它的向阳运动，然后在花朵上安放一个带有细铁丝探针的温差电阻束测定温度。当旭日东升气温升高时，被试验的花朵与未被试验花朵内的温度相比要低0.7℃。于是这几位植物学家认为，北极气候寒冷，花朵的向阳运动，能像孵卵器那样聚集热量，有利于结果和种子的孕育。

但是，美国洛杉矶加利福尼亚大学的植物学家丹·沃尔和他的研究小组最近发现，有一种叫臭菘的极地植物，长着一片漏斗状的佛焰苞，把中央的肉穗花序裹得严严实实。特别是在为期两周的开花时间内，佛焰苞内的温度总是恒定保持在22℃。用瑞典植物学家植物向阳运动的理论，显然无法解释这一奇怪的现象。那么臭菘是怎样产生热量的呢？又是怎样来调节体内"温床"的呢？花朵发热对自身究竟有何好处呢？

经过一系列的研究测定，他们发现在臭菘植物体内存在着一种特殊的结构——乙醛酸体，它能进行特殊的化学转化活动，当臭菘植物体内的脂肪转变成碳水化合物后，乙醛酸体释放出的能量就可以被花朵中的"发热细胞"所利用。

正当他们要进一步证明这一论点时，丹·沃尔又从另一种叫喜林芋的植物"热"花朵中，发现它并不存在脂肪转换为碳水化合物的任何迹象，甚至连那些与转化过程有关的酶都没能找到。但是，他发现在花朵的雄性不育部分中，有一些变态的"发热细胞"内充满脂肪。这一惊人的发现意味着植物能够直接利用脂肪，而不需要通过转变成碳水化合物的过程，很显然，臭菘和喜林芋用两种不同的方式产生热量。可是，这种"发热"的本领对植物有什么意义呢？

对于这个问题，丹·沃尔提出，花朵内有了充裕的热量，就能大大加速花香四溢，对甲虫、飞蛾一类的传粉使者有极大诱惑力。虽然臭菘的“花香”同粪臭或尸臭几乎无异，使人闻之作呕，但这种气味正好引诱那些爱好臭味的昆虫，招引它们前来传播花粉。

丹·沃尔的论点引发了学者们的争论。美国植物学家罗杰·克努森认为，臭菘植物提高局部温度不仅仅是为了引诱昆虫，更重要的是为了延长自身的生殖时期。当这类原来祖居热带的植物来到北方时，随身带上这套特殊的加热系统，方能在寒冷的异乡有足够的时间来从容不迫地开花、结果和产生种子。再说，如果用加热促使花香或花臭气味散发来引诱昆虫的论点来解释的话，喜林芋不会散发出浓烈的气味，加热似乎并不能为它带来任何好处。

对此，丹·沃尔辩解说，昆虫的肌肉在气温低时几乎难以正常工作，如蜜蜂在低于 15 ℃的环境中飞翔就不灵活。这时，发热的花朵无疑像一间间温暖的小房，引诱昆虫前来寄宿。就喜林芋来说，它有一位积极的传粉者——金龟子，每当金龟子在寒冷的夜晚踯躅前行时，如果遇上一个“花房温室”，马上会恢复生机，而喜林芋花朵内的温度几乎比外界气温高出 5～10 ℃，自然就成了昆虫的“天堂”。

关于植物花朵发热的问题，现在依然众说纷纭，大多数学者认为，只有掌握更多的、更深入一步的证据材料，才有可能完全揭开这个谜团。

（裘树平）

奇妙的菌类植物

菌类植物是一类没有叶绿素的异养植物，它们不能进行光合作用，无法自己制造营养物质，只能通过寄生或腐生的生活方式生存。我们平时说的菌类植物，主要是指一些肉眼能看见的大型真菌，它没有根、茎、叶的分化。菌类植物中有许多是鲜美的食物和著名的药材，还有不少有着很古怪的生活习性。

很多年前，有一位喜欢旅行的法国作家哈德·克鲁普，孤身一人去南美洲探险旅行，当他踏进巴西的热带丛林，不禁为眼前奇异壮观的自然景色所陶醉。

这一天，他穿过一片浓密的灌木丛林，在林中的空旷草地上，看见一只奇怪的白色"小蛋"。起初，他以为是鸟蛋或蜥蜴产的卵，用手去摸一摸，发现它软绵绵的，还有点弹性，克鲁普感到很奇怪，正想把它拿起来看个究竟，突然发现这个"蛋"在不断膨胀，而且"蛋壳"上很快出现了细微裂缝，接着又绽裂成两半，从里面跳出一个橙黄色的小伞，哇！原来它是一只有趣的蘑菇。

这只蘑菇的生长速度快得惊人，仅仅两小时，就长高了许多。克鲁普被深深吸引住了，出神地观看着，不知不觉，天色已近黄昏，快速生长的蘑菇又发生了更令人吃惊的变化。只见它那个黄澄澄的伞盖下，突然抖落出一道雪白透明的网格"薄纱"，一直拖到地面，好像欧洲贵妇人穿的长裙。紧接着，从这只美丽而又奇异的蘑菇身上，散发出一阵阵腐烂难闻的恶臭味。

这时，已是夜幕低垂，一道绿宝石般的光辉从伞盖下放射而出，映照着网格"薄纱"，光彩夺目，臭味和光亮招引来无数小虫，绕着它飞舞。克鲁普整夜守候在蘑菇旁，欣赏着大自然中这难得一遇的奇景。后来他回国询问了植物学家，才知道这种

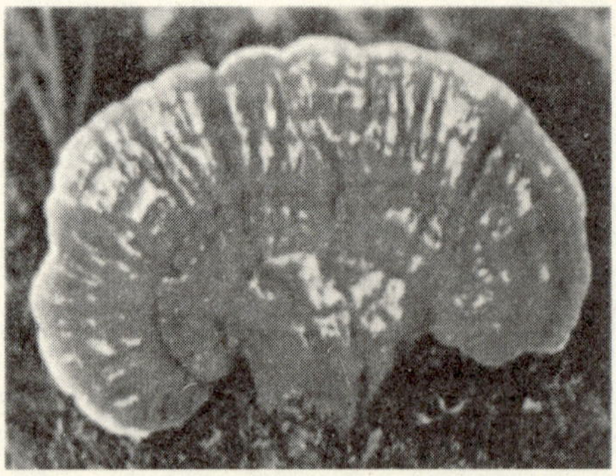

灵芝

奇异的蘑菇属于竹荪类真菌，还是一种营养价值高、味道鲜美的食用菌。

南美洲的有趣菌类还真不少，被称为“植物催泪弹”的马勃，更是菌类植物中的奇特“公民”。

凡是到南美洲热带密林去考察过的人都知道，千万别随意招惹马勃，如果不小心将马勃踩破，那可就要吃大苦头啦。有一位从南美洲回来的考察队员，在他的回忆录中，生动地描述了与马勃遭遇的情景：

“这一天，我在森林中独自行走，前面有个被枯枝落叶遮没的树坑，没留神，我一脚踩空，摔了个嘴啃泥。当我从坑中拔出脚来，正在暗自庆幸没有受伤时，右脚下却发出了‘叭’的一声，一个东西被踩破了。顿时，我的眼前黑烟弥漫，一片漆黑，鼻子受到了黑烟的强烈刺激，感到一阵阵酸溜溜的大量的眼泪从眼眶中涌出，还连连打着猛烈的喷嚏，我甚至担心鼻子是否会震掉下来。过了好一阵子，身边的黑烟终于散去，这时我才看到，脚下有一个类似南瓜的白色大球，破裂处还有少量的黑烟袅袅散出，原来，这就是号称‘植物催泪弹’的马勃。”

马勃的外形呈圆球状，当它长大成熟后，会自动爆裂，“肚子”里的大量黑色粉末犹如黑烟一般喷发出来。马勃中的“黑烟”究竟是什么东西呢？原来，这是它用来繁殖的粉孢子。当它被碰破或成熟后，这些粉孢子便四散纷飞，飘落到地面后又能长出新的小马勃。

由于马勃的“黑烟”对人的刺激性很强，南美洲的印第安人还把它当做一种特殊武器，来抵抗敌人呢。欧洲殖民军就吃过不少马勃的苦头，他们为了掠夺南美洲的橡胶资源，曾派大量军队侵入南美洲。当地的印第安土著人为了抵抗殖民主义者，经常把敌人引到马勃丛生的密林中，自己则隐蔽起来，等敌人踏上了马勃，被“黑烟”熏得狼狈不堪时，就跳出来乘机反攻，把敌人打得落花流水。

在菌类植物中，还有一类能使人产生幻觉的蘑菇。吃了这类蘑菇的人，眼前会出现许多奇怪的幻景，完全进入到虚无缥缈的境界之中。

在墨西哥，就经常能见到魔术师利用它玩把戏。魔术师表演时，当着围观人群的面，把一包药粉分给某一位观众吃，不久之后，那个吃药人会表现出种种反常行为：浑身肌肉松弛无力，眼睛瞳孔放大，精神极度兴奋，对周围环境产生了隔离的感觉。这时候，他的神情看上去是清醒的，但举止行为却荒诞怪异，把真事当做假事，把梦幻当做现实。为什么这个人会变得如此古怪呢？其实，这是致幻蘑菇作的怪，魔术师把它磨成粉，正常人吃了就变得不正常了。

致幻蘑菇大多数都有毒，不同的种类会产生不同的效果。例如我国云南省的一种小美牛肝菌，人们误食之后，常常表现出喜怒无常，先是不知疲劳地奔跑，然后呆立一旁，好像木偶一般，有时到晚上，眼前还会出现许多1尺高的小人，穿红戴绿，舞刀弄枪，在周围奔走穿行，使中毒者陷入深深的恐惧之中。

另一种叫毒蝇伞的蘑菇更可怕，中毒者不仅会浑身发抖，神志不清，而且在他的眼睛里，看到的东西都被放大了好多倍，普通人在他面前，一个个都成了“超级金刚”，顶天立地，硕大无比，显得可怕之极。

这类蘑菇为什么会使人产生幻觉呢？科学家们经过研究后发现，它们中含有一些与人类大脑中的神经传递介质很相似的物质，它进入大脑后，干扰了大脑的正常活动，结果产生出种种幻觉和幻想。

过去，这些蘑菇被用来变魔术骗人，现在它们的秘密被揭开后，反而成了造福于人类的宝贝，科学家们用它们制成各种药品，来治疗疾病，特别是对精神病患者有很好的疗效。

菌类植物中还有一位很奇怪的成员，名叫冬虫夏草。这个名字听起来，好像一半是动物，另一半是植物，实际上，它是一些菌类植物寄生到昆虫身上，最后形成虫和菌的结合体。

冬虫夏草不仅作为一种珍贵的传统药用植物受到人们的关注，更使人感兴趣的是，它的形成过程十分有趣。

当秋天到来时，菌类植物用来繁殖后代的孢子，开始逐渐成熟。孢子极细极轻，随风四处飘荡，有的落在准备到地下过冬的昆虫幼虫身上。小小的孢子钻进幼虫体内，起初对幼虫的妨碍不大，小虫仍能够正常生活。但到了第二年，孢子在虫体内萌发出一根根菌丝，拼命吸取幼虫体内的营养。不久之后，幼虫只剩下一个空壳，而空壳之内却被菌类植物所充满。

到了夏天，菌类植物便从幼虫空壳的顶部抽出一根细长的“棒”，露出地面，这就是它名称的后一半“夏草”了。

这根“棒”的上半部分膨大，表面还会长出一个小球，小球里面又隐蔽着无数孢子。一旦时机成熟，它们又会散布到其他地方，再次钻入蝶蛾类幼虫体内，长成新的冬虫夏草。

（裘树平）

草花能作盆景吗

盆景是中国特有的一类传统艺术，它由植物、石材和上等的盆、盘构成，通过艺术构思、技术造型和精心培育而成。盆景以树、石为材料，再现自然风光中的一个小片断，所以盆景被誉为无声的诗、立体的画。

制作盆景一般采用多年植栽的树桩加以修剪、加工，再配以造型优美的石块，有的还要点缀上微型陶制的亭、桥、人物、禽兽等装饰品，一个上好的盆景一般要经过几十年甚至上百年才能完成，所以大家对盆景的制作望而却步。

这里要介绍的是一种简易树桩盆景的制作方法，可在两三年内完成，而且有出人意料的效果。

盆景的植物材料是紫茉莉。

紫茉莉的学名 *Mirabilis jalapa*，属紫茉莉科紫茉莉属，别名草茉莉、夜饭花、胭脂花或地雷花。这是一种非常普通的多年生草本植物，只要将花籽播在较为潮湿的地方，它很快就能出苗、开花，真可算得上是最易于栽培的一种草花。

紫茉莉花冠高脚碟状，先端 5 裂，有红、粉、白、黄、红黄相间等色，夕开日闭，有芳香，不耐寒，在稍庇荫处生长良好，性强健，不择土壤，栽培管理粗放，因而南北各地的人们都很喜爱它。我们可利用其多年生块根的特性，选择它作为我们第一个"树桩"盆景的材料。方法为：在地里埋上一块三角形的石块(石块如核桃大小即可)，盖土半寸后将一粒紫茉莉种子(最好用重瓣及矮生型)播于其上，种子上再覆土约一寸许，加强管理，种子就在石上发芽、生长、开花。到第一年秋末，将植株从根茎以上第二茎节处(稍上约半厘米)剪断，小心地将根挖出来。因为种的时候种子是放在石块上的，所以挖出来的块根形如鸡爪(根系曲曲弯弯，没有明显的主根了)。然后可将土坨轻轻敲碎，将根系完整地收藏好。将其埋在沙子里，放到温暖而稍潮湿的环境中，注意防止受冻。

第二年春天，将保存完好的块根种在浅盆里，有意露出一部分鸡爪似的根。精心管理，到时候就会生出芽来。管理时一定要控制水肥，抑制其发育，使植株不要长得太大，最好长到 0.5～1 尺就可以了，还可剪去些不顺眼的枝条，等植株长到五六节时就能开花，成为一个绝好的盆景。这种盆景轻而易举、唾手可得。虽不是盆景中的"名作"，但对业余养花者来说，也可算得上别开生面的佳作，定会招来左邻右舍的不少赞叹！

开过花的盆景，在秋末照前法在第二茎节以上0.5厘米处剪断，再照旧浇水、施肥，这样就会第二次发芽，再长出新枝新叶，如能放置在暖和的（最低不要低于10℃）能照到阳光的屋里，冬天又能第二次开花，这种“速成”盆景较之百年的古松、翠柏会另有一番情趣。

冬季花后再如前法保藏，第三年春可将根系种到地里复壮。栽植前先在地里挖一坑，浇水搅拌、使坑中的土成泥浆，再将根插入泥浆中。前一天晚上将根全部插入泥浆，第二天早上就要埋土种植，这样可避免因根间无土留下空隙而致烂根。勤加管理，使紫茉莉长得又壮又大，第三年秋季防冻保藏，第四年春再将其露根种植在浅盆中，这样可使紫茉莉桩显得更古拙典雅，如此多次反复，会越种越好看。

如果能将紫茉莉的“桩”种在一个精美的陶制浅盆中，在紫茉莉的边上再置上一两块相衬的石块，这个树桩盆景就做成了。用多年生草本制作“树桩”盆景确实是一种妙法，除紫茉莉外，还可试用其他多年生矮生草本植物“如法炮制”，如能在修剪整形上下功夫，可化“腐朽”为“奇珍”，读者不妨试试。

这虽然是一项小技术，其实是巧妙地利用植物的自然特性去取得令人赞赏的效果。科学是基础，技术要活用，你说对吗？

（陈尔鹤　赵景逵）

盆景艺术源于中国

陕西省发掘的唐代章怀太子李贤墓穴甬道壁画上有一侍女手捧盆景，可知唐代已有树石盆景作观赏陈设。明清时代盆景盛行，并有专著论述，如文震亨《长物志·盆玩篇》。现今盆景已形成多种流派各有创新，但罕见以草本花卉作材料者。

不速之客——外来入侵生物

细心的人会发现，在我们周围环境中，植物的品种越来越多，这些植物中，很多不是土生土长的本地植物，而是引进的“外援”。客观地说，引进“外援”是件好事，但是任何事情都有两面性，拿引种来说，它是一件非常复杂的事情，稍有不慎，就会好心办坏事，导致“引狼入室”。生态学家把那些引进后演变为对环境有害的生物称为“入侵生物”或“入侵种”。

其实，纵观人类的种植史，人们引进的大部分物种都是有益的，在中国，就连玉米、小麦等常见粮食作物也都是外来物种。一般来说，在所有的外来物种中，只有1/1 000的物种会成为有害的“入侵种”。但是正是这千分之一的概率，却给生态环境带来了巨大的危害。

在这些入侵种中，有许多是植物，它们入侵到新地区以后，如果这里的环境适合它们的生长，它们就会越来越多，并破坏当地的生物多样性，演变为难以对付的外来杂草。目前，一些外来杂草已对我国的农作物、果园、草坪、自然环境和生物多样性产生了严重危害。

凤眼莲

在中国，最先引起政府和人们关注的入侵植物是凤眼莲，这种植物又名水葫芦，属雨久花科、凤眼莲属，原产南美，大约于20世纪30年代被作为畜禽饲料引入我国。现在已经成为世界上许多国家和地区的一种恶性杂草，并被列为世界十大害草之一。我国最先遭受其害的是云南滇池，当时就有科学家预言：滇池的凤眼莲是潘多拉的盒子，说不定哪一天一不留神，把这个盒子拿到别的地方打开，使凤眼莲的魔影出现在中国所有的江河湖泊，引发一场全国性的生态灾难。不幸的是，现在这个预言正在渐渐变为现实，如上海黄浦江、湖北汉江、广东珠江等处，都发生了凤眼莲成灾的迹象。它堵塞河道，影响航运、排灌和水产品养殖；破坏水生生态系统，威胁本地生物多样性；吸附重金属等有毒物质，死亡后沉入水底，构成对水质的二次污染；覆盖水面，影响生活用水，滋生蚊蝇，因此，它可谓“恶贯满盈”。据报道，每年凤眼莲给我国带来的经济损失高达 80～100 亿元，仅上海一市，2003 年人工打捞凤眼莲的费用就突破了 6 000 万人民币。

正在开花的豚草

除了凤眼莲以外，事实上，我们国家大约还有 400 多种外来动植物，它们每年引起数千亿元人民币的直接经济损失。其中危害较大的植物有紫茎泽兰、薇甘菊、空心莲子草、豚草、毒麦、互花米草、飞机草、假高粱等。

除了植物以外，事实上，一些危害极为严重的外来动物也是引进的。福寿螺便是其中一例。早年，在四川一家研究所，得知福寿螺在国际市场上具有较高的经济价值，就从南美亚马逊河引进来养殖，很快在四川、重庆等地推广。谁知，国际市场并非他们想像的那样一帆风顺，饲养的福寿螺卖不出去，就将原来养螺的水田继续种水稻，但是，谁也不曾想到，福寿螺繁殖能力极强，它们已经在这里扎了根。据统计，福寿螺在重庆荣昌县蔓延以后，全县的水稻产量因此而损失了 20%，它那锋利的外壳还划破农民的脚，真是祸害无穷。

为了控制害虫的危害，人们常常到国外引进一些天敌，这种引进同样也需要谨慎，引种不慎，同样导致灾难。澳大利亚为了控制一种危害甘蔗的甲虫，于是就想到以专吃昆虫的青蛙来捕杀这些甲虫，便引进了一种名为“布富”的大青蛙。这种青蛙在一开始吃甲虫，随着甲虫数量的减少，许多益虫也成了它们的“盘中餐”，更严重的是，“布富”的肛门附近有特殊的毒腺，喷射出来的毒液不仅能使猫、狗、羊等动物死于非命，也会使人中毒身亡。盲目的引种，让澳大利亚付出了巨大的代价。

福寿螺

生物入侵问题是 21 世纪最受关注的环境问题之一。要控制生物入侵，需要全方位的合作和参与。首先，要切实加强基础性研究工作，建立和完善入境植物及其产品的风险预警机制;其次,要加强外来生物的检疫管理工作,严格从源头抓起;再次,还要加强有害生物的早期预警和后期治理工作研究,加强全社会防范生物入侵问题的意识。只有通过各方面的合作和协调,才能将生物入侵问题予以控制。

(鞠瑞亭)

一枝黄花入侵

加拿大一枝黄花原产北美,因其良好的观赏性,1935 年作为观赏植物被引人我国上海、南京,20 世纪 80 年代转为野生后表现出超强的生态适应性和盘踞空间的能力,在入侵地疯狂蔓延,有"黄花开处百花杀"之说。

加拿大一枝黄花是菊科一枝黄花属的多年生草本植物。它的生态适应性强,除水域外几乎所有地方均可分布、生长;它植株生长快,成株高度多在 2 米以上,最高可达 5 米;它的种子多,每株有近 1 500 个黄色花序可产近 2 万多粒种子,种子轻且有冠毛易随风飘散;四是繁殖能力强,种子、根茎均可繁殖。所以在 2~3 年内,加拿大一枝黄花可由一株快速扩散蔓延成一片。

加拿大一枝黄花在入侵地定居后能很快排挤本地种,迅速形成单生优势群落。其结果一是使入侵地的植物种类平衡遭到破坏,使原有植物种类减少或缺失;二是破坏当地农林经济发展。加拿大一枝黄花多是丛状、成片生长,其单优群落会使农作物、果林、经济林、新造幼林、绿化带等失去竞争能力和生长空间,甚至死亡,破坏城市园林生态体系建设,给农、林业造成严重经济损失,影响经济社会发展;三是影响人类健康。加拿大一枝黄花花粉多,能成为哮喘、鼻炎、皮炎等过敏性疾病的过敏源,而且苍蝇等昆虫喜欢觅食其花粉,由此导致一些疾病的传播,对人类健康危害很大。由于加拿大一枝黄花对生态、经济社会发展和人民群众身体健康造成严重影响,被国家环保部公布为 16 种外来入侵有害生物之一。